高等院校艺术学门类"十四五"系列教材

婴童用品设计

YINGTONG YONGPIN SHEJI

主　编　余春林　熊　伟
副主编　陈　琛　穆　波
参　编　张　钰　刘星辰　王一凡　王逸伦
　　　　李　娟　梁雅迪　徐　卓　潘思颖

华中科技大学出版社
http://press.hust.edu.cn
中国·武汉

内 容 简 介

本书内容主要包括婴童用品设计概念及范畴,婴童的生理、心理及认知特征,婴童用品的分类,婴童用品的设计原则和方法,婴童用品设计与实训,以及优秀设计作品案例鉴赏与分析。前 2 章为理论部分,在阐述知识点时配合有实际案例,易于理解。第 3 章为设计与实训部分,分别从婴童群体的"衣""食""住""行""娱"5 个方面进行阐述,以一个方向的课题为中心将理论知识点融入其中,分别从大师级代表作品、学生代表作品和实训实践案例解析着手,帮助学生理解理论知识点,学习理论知识运用于实践案例的具体方法。最后 1 章从本专业前沿的设计案例着手,从 4 个类别进行案例解读,巩固知识点,拓展学生的思维空间和眼界。

本书适用于本科院校的产品设计专业、工业设计专业、婴童用品专业的课程教学,也可作为设计专业培训机构及企业的参考书,亦可供广大儿童产品设计人员及业余爱好者使用、参考。

图书在版编目(CIP)数据

婴童用品设计/余春林,熊伟主编.—武汉:华中科技大学出版社,2023.4
ISBN 978-7-5680-9267-8

Ⅰ.①婴… Ⅱ.①余… ②熊… Ⅲ.①婴幼儿-日用品-设计 ②儿童-日用品-设计 Ⅳ.①TB472

中国国家版本馆 CIP 数据核字(2023)第 045114 号

婴童用品设计
Yingtong Yongpin Sheji

余春林　熊　伟　主编

策划编辑:彭中军
责任编辑:刘姝甜
封面设计:孢　子
责任监印:朱　玢
出版发行:华中科技大学出版社(中国·武汉)　　电话:(027)81321913
　　　　　武汉市东湖新技术开发区华工科技园　　邮编:430223
录　　排:武汉创易图文工作室
印　　刷:湖北新华印务有限公司
开　　本:889mm×1194mm　1/16
印　　张:9
字　　数:260 千字
版　　次:2023 年 4 月第 1 版第 1 次印刷
定　　价:59.00 元

第一主编简介

余春林,1984年生,毕业于景德镇陶瓷大学,硕士研究生,副教授,武昌理工学院艺术设计学院产品设计教师。主持省级科学研究计划项目1项、校级教学研究项目1项;参与省部级科研项目3项;合著(编)专著1部、教材1部、绘画作品集1部;发表学术论文20余篇;获得全国高校数字艺术设计大赛国赛三等奖、武昌理工学院教学创新大赛二等奖,武昌理工学院青年教师授课大赛三等奖,湖北省第六届大学生艺术节艺术教育科研论文评选一等奖等14项奖项;指导学生获得2018年德国iF设计新秀奖、湖北省第十二届"挑战杯"大学生课外学术科技作品竞赛三等奖等国内外奖项30多项。

前言 PREFACE

婴童是一个奇妙的群体，孩子的可爱带给我们不一样的认知体验。有的人说，生孩子在传统的意义上就是生命的延续，每个人的寿命都是有限的，如果没有延续下去，那么世界的文明也就没有办法发展了；也有人说，生孩子就是为了参与一个生命的成长过程，是为了体验，而且生完孩子之后，人们更加懂得什么叫作亲情。作为两个孩子的母亲，我也深有体会——这是一个非常好的理由，让我想对婴童用品进行更深入的研究，这也为我的研究打下了坚实的基础。参与孩子们的成长过程也让我对婴童群体的特征有了切身的感受，获得了很多一手资料。

我们常常用成人的眼光来看待婴童群体，用成人的思维去思考婴童群体的处境。然而，我们却忽视了婴童群体发展的自身规律和自主性。事实上，我们应该从婴童的角度出发，确立以婴童群体为中心的思维方式来进行产品设计。由于婴童群体的生长变化较快，他们在各个年龄段的生理特点、心理认知等的发展都比较特别。对于外界的信号，他们更喜欢从视觉和听觉上进行反馈，并且常常能够从挑战和冲突中获得快乐；他们不在意结果，目的性较弱，还有着非常强烈的好奇心，无法预见其行为会引发的后果，其模仿能力的强弱随着年龄增长呈曲线状变化。当我们在设计婴童用品时，应将婴童的这些特性考虑进去，然后通过研究与实验来思考婴童产品的设计问题。

本书由武昌理工学院支持出版，感谢武昌理工学院艺术设计学院产品设计系李娟、梁雅迪、徐卓、潘思颖等老师的支持，此外，本书的完成还要感谢武汉工程大学张钰、刘星辰、王逸伦等研究生同学以及武汉传媒学院王一凡同学的大力协助。同时，也向所有被引用资料的作者致谢。

由于编者水平有限、时间仓促，书中难免有错误及不妥之处，热诚欢迎专家学者批评指正。

余春林

目录 CONTENTS

第 *1* 章

婴童用品设计概述

第一节 婴童用品设计概念及范畴

1. 婴童用品的设计概念

根据我国法律《中华人民共和国未成年人保护法》以及联合国《儿童权利公约》的规定,"儿童"是指 18 岁以下的任何人。其不同年龄段的划分为:不满 1 岁的为婴儿,1~6 岁的为幼儿。2020 年人口普查结果显示,中国 0~14 岁人口为 25 338 万人,约占世界 14 岁以下人口的 12.6398%,随着国家三胎政策的放开,这一数量与比例也在不断上升。

随着时代的发展和人们生活水平的提高,健康科学的概念深入人心。在家庭中,父母对婴童产品的需求在增加,对婴童产品的品质也提出了新的要求。婴童产品不仅要提升设计创新的能力,还要体现产品的人文关怀性、安全性,也要注重产品造型设计方面的美感等。婴童用品设计的定义就是,以婴童群体为中心,根据其成长不同阶段、不同环境和不同目的的需求,设计出有益于他们理解新鲜事物、启蒙新的思想、锻炼身体机能、启迪新的智慧的产品。一个好的婴童用品设计,对婴童的身心发展具有重要意义。

2. 婴童用品的设计范畴

无论是为成年人设计产品还是为婴幼儿童设计产品,都必须全方位地了解产品使用者的需求。婴童用品从种类上来看,主要分为生活用品、学习用品和娱乐用品,涉及了婴幼儿童衣、食、住、行的各个方面,主要包含:①安全防护类;②生活帮助类;③餐具类;④护理类;⑤出行用品类;⑥童车类;⑦学习用品类;⑧智能电子产品类。

在婴童用品设计中,要充分考虑产品的形态、材料和色彩要素。在婴幼儿童的成长过程中,外在的事物对他们有着极大的吸引力。很多时候他们会根据产品的外观形态来判断自己对这个产品是否喜爱,例如在超市中,具有仿生形态的产品包装远比普通形态的产品包装更能吸引婴童的注意。设计婴童用品时,除了通过应用活泼的产品形态表达收获婴童的喜爱,还要考虑家长方便照顾孩子的需求,如是否方便收纳、易于清洗等。婴童群体对色彩也是极为敏感的,大多数婴幼儿童喜欢鲜艳明亮的颜色,如大红色、橙黄色、天蓝色、绿色等。不过,对于不同阶段的婴幼儿童,也要在设计时对色彩做出改变。刚出生的婴儿处于生长发育阶段,他们接触的用品颜色就不宜太过鲜艳,要选择相对柔和的颜色,如乳白色、淡黄色、淡蓝色等,而稍大一点的儿童,活泼的色彩有助于他们辨认环境、锻炼思维、改善情绪。婴童用品的材料要做到绝对安全,在满足产品的功能性、实用性和目的性的同时,也要适当考虑使用材料的可回收性、重复利用性等。

在婴童的成长过程中,其心理特征、生理特征和认知特征在不断变化,不同阶段的婴童用品设计有着不同的含义。因此,婴童用品的设计范畴还包括考虑不同年龄阶段的婴幼儿童的生理、心理和认知特征。

第二节　婴童的生理、心理及认知特征

1.婴童群体的生理特征

1)身体的生长发育

(1)身体的生长

①身体大小和肌肉组成的变化。

在婴儿期,孩子身体发育最明显的迹象就是身体大小发生了变化。肌肉组织的发展遵循头尾原则和远近原则。头部和颈部肌肉的发展早于躯干和四肢肌肉的发展。

②身体比例和骨骼生长的变化。

从出生到成人,人体各部分比例不断变化,如图1-2-1所示。

新生儿的骨骼很小,很柔软,不易站立,也不易保持平衡,但是此时的骨骼很有韧性,因此不易骨折,与成人骨骼有着很大的区别,如图1-2-2和图1-2-3所示。

(2)影响早期身体发育的因素

①遗传。

我们的身体发育受到人类共有遗传基因的影响。除了人类共有基因的影响外,我们身体的发展还受家族遗传基因的影响,如身高。

②营养。

营养在发育的任何阶段都很重要,尤其在出生到两岁间,因为这个阶段是大脑和身体发育的高峰期。婴儿所需的能量是成人的两倍,而婴儿的四分之一的能量用于生长。人类营养的主要来源是食物,饮食不足与饮食过量都可能导致营养不良。

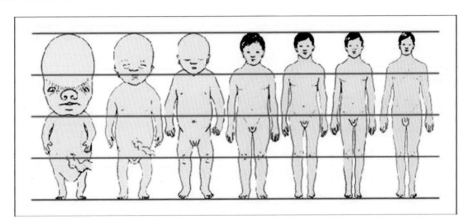

图 1-2-1　人体比例变化图

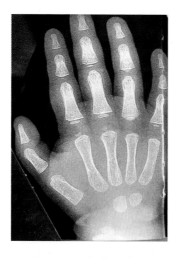

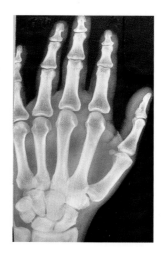

图 1-2-2　新生儿骨骼　　　图 1-2-3　成年人骨骼

③情绪压力与爱的缺失。

过多的压力和过少的关爱也足以使儿童早期身体发育和动作发展滞后于其他的同龄儿童。

(3)身体的发育

①生长发育是由量变到质变的过程。

幼儿的生长发育是由细小的量变和质变到根本的质变的复杂过程,不仅表现为身高、体重的增加,还表现为器官的逐渐分化、功能的逐渐成熟。

②生长发育是有阶段性和程序性的连续过程。

幼儿的生长发育是有阶段性的,每个阶段各有特点,并且各阶段间相互联系,前一阶段为后一阶段的发展打下必要的基础,各阶段按顺序衔接,不能跳跃。

③生长发育的速度变化曲线是波浪式的,身体各部分的生长速度也不均衡。

幼儿生长发育的一般状况是:年龄越小,生长速度越快。婴儿身长=头+脊柱+下肢;新生儿头长约占身长的四分之一;成人头长约占身长的八分之一。

(4)视力发展规律

在出生后 12 个月内,婴童光感知能力达到成人水平,三周内是视力发育的关键期。新生儿可见范围为 20 厘米以内;1 周岁内呈轻度远视状态;4～8 周岁视力基本达到成人水平。婴儿在 5～6 周(1～2 个月)时开始能固定注视一会;3 周～5 个月(1～5 个月)之间开始注意认识的面孔;4 个月左右开始用手摸东西,说明有一定的注视方向感;6 个月左右有一定的深度知觉。

2)运动技能的发展

(1)动作发展的基本趋势

儿童出生后,动作随之开始发展。儿童头几年动作发展和身体及神经系统发展一样遵循头尾原则,即头、颈、上肢的动作发展先于腿和下肢的动作发展。

婴儿爬的发展:①用脚趾和膝盖匍匐前进;②头能抬起,但腿的运动很有限;③对头和肩的控制能力提高;④能用手臂支撑上身;⑤婴儿很难协调头和上身,上身抬起来,头就撑不住了;⑥开始能移动上身,但他们不能协调手臂和腿来运动;⑦能协调手臂和腿运动而爬行了。

(2)动力系统中的动作技能

动作技能是婴儿在探索欲望和新的目标支配下对先前已掌握的能力的重新建构。"建构"

是指婴儿主动把已有的动作技能重组成新的更复杂的动作系统。开始时,婴儿的动作是笨拙的、尝试性的,最终这些动作将协调一致,建构成流畅、和谐的动作整体:坐、站、走、跑、跳。

(3)精细动作的发展:伸手和抓握

①伸手够物技能的发展,如图1-2-4所示。

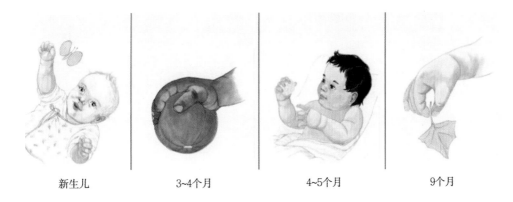

| 新生儿 | 3~4个月 | 4~5个月 | 9个月 |

图 1-2-4　一些自主够物技能发展中里程碑式的动作

②抓握技能的发展,如图1-2-5所示。

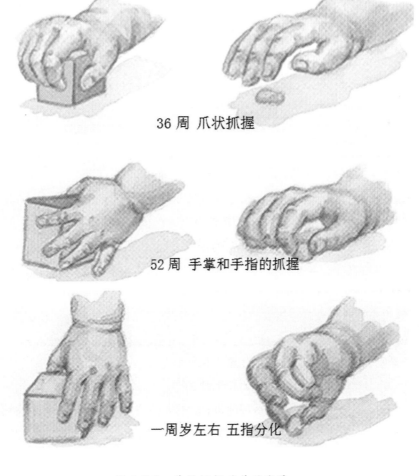

36 周　爪状抓握

52 周　手掌和手指的抓握

一周岁左右　五指分化

图 1-2-5　手的抓握动作的发展

（4）早期动作发展的心理学意义

婴儿动作的发展，是父母乐于见到的，因此父母和婴儿之间由于动作技能的进步而出现良好的互动将成为可能。各种主要动作的掌握也能促进儿童感知觉的发展。动作发展对婴儿其他领域的发展有促进作用，这也再次说明儿童的发展是整体的发展。

2.婴童群体不同阶段心理发展的特点

1）婴儿期心理发展

（1）动作的发展

婴儿期的动作发展具有自上而下、由远及近、由粗到细、从孤立运动到共济协调的特点。营养和训练对儿童的动作发展也有着一定影响。

（2）语言的发展

儿童语言的发展水平也是儿童心理发展水平的具体体现。儿童语言的发展主要有两个方面：感知（理解）语言和说出语言。

（3）认知过程的发展

认知过程的发展：感觉—知觉—注意（无意注意—有意注意）—记忆（无意记忆—有意记忆）—思维。

（4）情绪和情感的发展

婴幼儿自出生起，情绪在不断分化。新生儿具有各种愉快（肯定）、不愉快的情绪（否定）；到2～7个月时出现一些初级情绪（愤怒、悲伤、快乐、惊讶、恐惧）；到了2岁时会出现一些次级情绪（尴尬、害羞、内疚、嫉妒、骄傲）。

（5）社会性发展——亲子关系

亲子关系包括母婴关系（依恋）和父婴关系。父亲是婴童重要的游戏伙伴，是婴童积极情感满足、社会性人格发展和性别角色正常发展以及社交技能提高的重要源泉。

2）幼儿期心理发展

（1）3岁儿童心理特征

①具有强烈的好奇心，同伴关系发展：3岁儿童对新鲜的物体、情景和新的问题有浓厚的兴趣，能以认真的态度对待成人教他做的事，并且有试着做的愿望。

②由行为和动作引起思维活动：大量观察研究发现，3岁以后的儿童总是先做后想或是边做边想，而不能做到想好后再做。

③行为受情绪支配：3岁儿童的心理活动受情绪支配的程度很大，还不能用理智支配行为。让儿童感兴趣的事物或活动就会激发其积极的情绪，有了情绪就有活动的积极性。

④喜爱模仿：3岁的儿童觉得自己已经长大了，有能力了，所以成人做的事、别的儿童做的事情都会引起他们的兴趣，他们都想去尝试一下。

（2）4岁儿童心理特征

①活泼好动：4岁的儿童明显地比3岁的儿童更加活泼好动，因为他们身体长得更结实了，动作能力更强了。

②开始进行具体形象思维：4岁儿童主要依靠头脑中已有的形象（心理学称为表象）进行思维活动，其思维具有明显的具体形象性特点，属于典型的具体形象性思维。

③有意行为开始发展：3岁儿童的行为多受情绪支配，4岁儿童则可以听得进成人向他们

提出的要求,听懂一些道理,他们可以接受成人给的一些任务。有意性的增强还表现在4岁儿童游戏时已经可以先想一想玩什么、拿什么玩,也更愿意和小朋友一同做游戏,有着简单的角色分配,还可以发展游戏的情节。

(3)5岁儿童心理特征

①爱学、好问:好奇心是学前儿童的普遍心理特征,但5岁儿童的爱学、好问却是不满足于表现性的现象,他们已能注意到一些较深层或是相关联的现象,喜欢追根问底,思维更活跃,有着很强烈的求知欲、好奇心。

②抽象思维发展:5岁儿童的思维仍以具体形象思维为主,但抽象逻辑思维已经明显地萌芽了,已经能进行一些更加概括的、抽象的逻辑思维活动了。

③会话性讲述能力明显进步:会话就是指谈话或对话。讲述是指个人独自叙述事情或是讲述故事。讲述要求叙述完整,语言连贯。

④有意行为增多:有意行为在儿童4岁时已经出现,到5岁有意性有了发展。儿童可以有意地控制和调节自己的活动。有意行为增多对儿童入学后学习和独立生活都是必要的准备。

⑤个性初步形成:个性是人的较稳定的具有一定倾向的心理活动的总和,主要表现为自我意识性格和能力等心理成分。

(4)6岁儿童心理特征

①动作和活动发展:幅度大的动作迅速发展,平衡性在发展;小的动作技巧进一步发展。6岁儿童在玩玩具时可设计衣服拆换、小零件的装配等;喜欢挑战。玩具中可以设计计时项目,以次数衡量进步。

②语言、认知发展:6岁儿童通常喜欢说话(玩具应该能使孩子有机会进行口头表达,如孩子可随着音乐唱歌、把声音录下来的玩具非常受孩子的欢迎);喜欢有规律(玩具交互的设计应该能使孩子预见以后的行为,或者至少用孩子感到舒服的方式);同时这个年龄段的孩子喜欢在固定时间段有固定的内容,比如睡前听故事、音乐。

③喜欢用明快的颜色制作图案。

3)学龄期心理发展

(1)活动的发展

学习对学龄儿童心理的发展具有重要作用。

(2)语言的发展

口头语言在幼儿语言发展的基础上继续发展,同时书面语言和内部语言也显著地发展起来。

(3)认知过程的发展

注意力:有意注意时间开始延长。

记忆:无意记忆向有意记忆加快发展;机械记忆(10岁达高峰)向理解记忆过渡。

思维:具体形象思维向抽象逻辑思维发展;模仿力、想象力发展。

(4)情感的发展

情感开始落实于行为表现,会出现责任感、正义感、集体荣誉感等。在不良因素的影响下,也会产生不健康的情感,滋长骄傲、嫉妒、自满、专横、幸灾乐祸等情绪。

（5）个性和社会性发展

自我意识的发展：处于客观化时期，用内化的行为准则来监督、调节、控制自己，社会自我观念逐步形成。

社会性发展：父母与儿童关系、同伴交往关系与团体关系形成；师生关系常体现"绝对服从"心理。

（6）7～14岁儿童心理特征

①空间思维能力开始发展：在设计方面，他们能提出自己的想法参与复杂的活动。这个年龄段的孩子开始积累一定的文化信息，可以理解幽默和典故，并能欣赏一些稀奇古怪的东西，知道什么是对、什么是错，喜欢冒险，他们的追求比自己实际年龄会大三四岁。

②智力和认知：阅读能力进一步发展，能阅读分章节的书，并且准确描述其大意；对自然界和规律理解得更加深刻；能明白笑话和谜语，有了幽默的能力。

③社会活动：尊重他人空间和财产，同样希望被尊重；理解他人的情感并会做出适当的回应；可根据故事情节加配插图，构建完整的情节感知；很在乎友谊（两个人共同的游戏和玩具受欢迎）。

4）青春期心理发展

（1）认知的发展

感知觉：感知活动已相当精确和概括。

记忆：理解性记忆已取代机械记忆占主导地位。

思维：初中阶段，智力发展的主要时期，抽象逻辑思维占主导地位，思维的独立性和批判性还不够稳定、全面；高中阶段，智力接近成熟，智力活动带有明显的随意性，抽象逻辑思维具有明显的假设性、预计性。

（2）情绪的发展

具有矛盾性特点：强烈、狂暴性与温和、细腻性共存；情绪的可变性和固执性共存；内向性和表现性共存。

（3）个性的发展

青春期自我意识的发展具有以下几个特点：①成人感和独立意向发展；②自我分化；③自我意识的强度和深度不断增加；④自我评价逐渐趋于成熟；⑤独立性日益增强；⑥逐渐从片面向全面发展；⑦从只关注自己的身体特征和具体行为，向关注个性品质方面转化。

（4）社会性发展

①逐渐克服了团体的交往方式，明白了朋友关系在初中生生活中的日益重要。

②与父母关系的变化（亲子关系）：体现为情感上的脱离、行为上的脱离、观点上的脱离，父母的榜样作用削弱。

③与教师关系的变化：初中生不盲目接受任何一位教师的观点。

（5）心理发展的矛盾性特点

①生理变化对心理活动的冲击，导致了性发育迅速成熟与性心理相对幼稚的矛盾。

②心理上成人感与幼稚性的矛盾，即自我意识迅猛增长与社会成熟相对迟缓的矛盾，体现为反抗性与依赖性、闭锁性与开放性、勇敢和怯懦、高傲和自卑、否定童年又眷恋童年。

③易出现心理与行为上的偏差。

3. 婴童群体的认知特征

随着婴童群体感官系统的长成,他们的认知也在不断发展,对外界事物的好奇、新鲜及对事物的探索都展现着他们对世界认知的迫切性。婴童群体的认知特征主要表现在:

(1)观察缺乏概括性

婴童无时无刻不在观察这个世界,在观察活动中可以不断地增长见识,同时增长了注意、记忆、思维、想象、语言等五种认识能力。尽管他们的观察很敏锐,但是由于他们的形象思维能力高于抽象思维能力,他们的观察缺乏概括性,也就是观察不够全面与深刻。抽象造型以及丰富的色彩能够帮助婴童在成长的过程中提高审美能力与观察能力。

(2)记忆力最佳

很多婴幼儿童长大后还能对小时候发生的事情有着清楚的记忆,也有专门的记忆训练来帮助婴童头脑更好地发育。此时他们接触的用品应该是能够帮助他们通过识记来增强记忆力的,用意义识记代替机械识记,使他们的记忆进入最佳时期。

(3)抽象思维加强

婴童的思维仍以具体形象思维为主,5岁左右开始建立由形象思维到抽象逻辑思维的转变,此时的婴童可以进行一些更加概括的逻辑抽象思维活动。可以通过特定用具引导婴童群体形成创造性的思维。

第三节　婴童用品的分类

1.婴童用品根据衣、食、住、行以及娱乐五个方面来分类

婴童群体的"衣"相关的产品主要指婴童服装和穿戴相关产品,从婴童服饰的功能来进行划分,可以分为服装(新生儿服装、日常生活服装、外出服装)、就寝相关用品、洗浴相关用品、其他辅助用品等。新生儿服装包括新生儿包被、新生儿连体服等。日常生活服装包括春夏秋冬服饰、爬爬衣等。外出服装是指披风、挡风衣等。就寝相关用品是指睡袋、防蚊帐等。洗浴相关用品是指浴巾、浴帽等。其他辅助用品是指学步带、背带、防摔跤护具、矫正枕头、背包、书包等。穿戴相关产品还包括鞋、袜、运动护具、电子手表、腕带等。

"食"主要指食品以及餐具类产品,包括辅食碗筷、辅食研磨机器、围兜、奶瓶、饮水杯、保温杯、奶粉储存盒(外出便携式奶粉盒)、奶瓶清洁套装、奶瓶消毒器、温奶器、恒温水壶、便携式清洁干燥套装、喂食器、喂药器、度量用食物滴管等。

"住"主要指居住、睡眠相关的家具以及电器类产品等,包括婴儿床等。有以下的范畴:

婴儿床、婴儿监护仪、婴儿浴盆、婴儿用品消毒盒、隔尿垫、洗护用品、如厕用品、修剪器具、床围、床垫、摇椅、床铃、防摔护栏、储物收纳、餐桌、餐椅、儿童沙发、儿童桌椅等。

0到1岁的儿童还属于婴幼儿时期,在他们的生理和心理还没有发育成熟的时候,他们

的出行都要依靠大人实现,他们的出行方式主要以抱和使用推车、安全座椅为主。1 到 3 岁的儿童有些已经可以行走自如、独立进食、自己大小便,出行用品一般为推车、手推自行车、扭扭车、儿童安全座椅等。3 到 6 岁的儿童在行为上有较好的自控能力,自我意识能力较强,对什么事情都有自己的主见。这一时期的儿童的出行用品主要是儿童自行车、儿童行李箱等。

"娱乐"用品主要指儿童玩具产品,包括滑滑梯、木马、积木、拨浪鼓等。滑滑梯常为三角支撑,厚实稳固。拨浪鼓声音清脆,可促进婴幼儿听觉系统发育。对于积木,1~2 岁的儿童可以互敲积木,或是推倒已堆砌的积木,探索声音的乐趣,以及认识和区分颜色;3~4 岁的儿童可以通过玩积木认识几何形状和空间关系以及进行数字认知;3~5 岁的儿童可以通过简单的模仿搭建一些小房子、小树或是进行加减乘除,培养逻辑思维能力;5 岁以上的儿童可以发挥自己的创意进行搭建,培养空间想象能力。

2.婴童用品按设计的目的来分类

(1)安全防护类

婴童是脆弱的天使,由于他们缺乏自我保护能力和危机意识,又贪玩好动,很容易在不经意间受到伤害,所以设计师需要考虑到婴童的安全问题。安全防护类的产品包括防夹手门挡(见图 1-3-1)、防触电安全扣、防摔护栏、安全座椅等。

(2)教育类

婴童教育类产品是当下的一个重要门类,旨在帮助婴童更好地学习和受教育,给孩子一个认知世界的机会。教育类产品主要有教具、书籍、文具以及相应电子类教育产品,例如早教机、点读笔(见图 1-3-2)、有声书、电子画板及写字板等,在功能上以陪伴和启蒙为主,在内容上以故事、游戏、音乐、文字为主,且产品设计较为简单。随着人工智能等技术的高速发展,智能硬件给各行各业带来了革新,这种热潮同样也传播到了儿童产品市场,婴童教育类产品逐渐向智能产品方向发展。

图 1-3-1 儿童防夹手门挡

图 1-3-2 点读笔

（3）医疗护理类

婴童医疗护理类产品主要分为生活护理产品和医疗类产品。生活护理产品包括指甲剪、体温计、耳温枪、额温枪、耳勺、洗鼻器（见图1-3-3）、牙刷、口罩、理发器、棉签、智能牙刷等。医疗类产品包括输液固定板、手肘部固定带、骨折康复保护器、雾化机、塑形头盔、核磁共振器、注射器等。

（4）卫浴类

一般家庭所使用的卫浴产品都是成人尺寸，不适合儿童使用。婴童卫浴类产品是指在卫生间使用的婴童产品，主要包括儿童马桶（见图1-3-4）、洗头椅、马桶垫圈、洗澡桶、洗澡花洒、小便器等。

（5）关怀类

婴童作为一类特殊人群，在其成长过程中，需要家人投入很多的时间以及精力来陪伴、照顾。关怀类的婴童产品主要包括婴童监护器、婴童的奶瓶消毒器、玩具烘干消毒器、温奶器、视力距离传感器、儿童伸缩鞋等。

图 1-3-3 婴童洗鼻器

图 1-3-4 儿童马桶

第

2 章

婴童用品的设计原则和方法

第一节　婴童用品的设计原则

婴童作为一类特殊人群,需要设计师在设计的过程中投入更多的爱与尊重,在产品功能满足需求的基础上进行更多的人性化的处理。所以,在婴童产品的设计研究与实践中,需要遵循以下几点原则:

1. 安全性原则

在针对婴童设计的产品中,安全性是首要原则,它指的是婴童在使用产品的过程中,不会受到任何的伤害。由于儿童的危险意识较差、运动能力不完善以及较为活泼好动,可能会出现无意识的错误操作,设计师需要将这种伤害发生的可能性降到最低,保障使用者的安全。一般来说,安全的婴童用品设计必须满足以下几点:

①用材安全。婴童体内缺乏自然抗体,容易受到环境中有害物质的侵害,与此同时,由于儿童具有好奇心,他们不仅会用手接触产品,甚至会用嘴去接触产品或是抱着睡觉,所以婴童产品的材质应安全、环保、无毒、无味,产品表面不能出现毛刺以及锋利的边缘,避免婴童使用时划伤。如图 2-1-1 所示的积木,采用环保水漆,漆膜光滑细腻,安全无异味,宝宝啃咬也不怕,大尺寸的设计防止宝宝误吞,精细抛光打磨处理,既保留木纹原有光泽,又能使积木表面光滑无毛刺,防止婴童划伤。

②造型安全。婴童产品的边角需要进行圆滑处理,避免尖角或是其他的突兀造型。方正的几何造型能增加产品的现代感,但对于婴童却不太友好,婴童的皮肤、骨骼十分脆弱,方正的几何造型会增加婴童受伤的概率,因此在桌椅的设计过程中应尽量避免尖锐的棱角,多使用圆润的造型,桌椅轮廓部位以软包设计为主,降低婴童无意磕碰到时的疼痛感。(见图 2-1-2)

图 2-1-1　积木

图 2-1-2 圆滑处理的儿童桌椅

③结构严谨。具有传动结构的玩具,其传动结构部分应该封闭,其缝隙的大小应保证婴童的手指不能伸入,避免婴童将手指伸入时夹住手指。此外,婴童产品结构应该牢固,因为儿童相较于成人更为情绪化,例如,儿童生气时会将玩具重重地砸在地上,他们的强大破坏力决定了婴童产品必须要有结实的结构。

2. 人性化原则

婴童处于身体发育阶段,其骨质较软,骨组织内含钙较少,还处于骨化过程中,弹性强,易弯曲,因此婴童产品在造型美观的同时,更要注重婴童使用时的舒适度。产品的各个部件尺寸需要根据婴童身体的尺寸来定,符合人机工程学。例如,儿童学习桌的桌面尺寸需要按照儿童的手臂操作范围进行设计,不宜过大;学习桌的高度需要根据使用者的坐姿高度来设计,座椅的靠背、扶手等细节要参考使用者的身体曲线设计,防止身体疲劳,给用户带来更好的体验。婴童身体处于发育阶段,桌椅的尺寸不合理会影响他们的身体发育,造成难以恢复的生长损伤,对身体健康不利。图 2-1-3 所示的学习桌椅是根据人机工程学原理所设计的,引导儿童养成良好的坐姿。

3. 积极性原则

在关注婴童生理健康的同时,设计师还要注意婴童的心理健康。婴童的心理、生理都在迅速地发展,心理健康对其成长过程将会产生巨大影响,对其成为一个什么样的人将发生决定性的作用。因此,设计师有责任向他们传递正确的价值观,帮助他们建立和完善正确的价值体系,不要把负面的情绪带进设计。任何带有消极情感的产品都不利于婴童的身心健康发展。一个成功的婴童产品设计应该能够帮助孩子们发挥想象去创造,帮助他们积极地面对生活,让他们拥有一个快乐的童年。图 2-1-4 所示的是"打卡神器",儿童每完成一件值得奖励的事情,就可以在奖励板内投入一颗星星,奖励板可容纳十六颗星星。该设计是在孩子做了正确的事情后给予积极的反馈机制,鼓励孩子坚持养成好习惯。

图 2-1-3　儿童学习桌

图 2-1-4　"打卡神器"

4.易用性原则

　　婴童的思维相较于成年人来说是比较单纯、简单的,其逻辑思维能力尚未完全发展成熟,缺乏思考、分析能力并且缺乏耐心,如果一件产品的使用操作过于复杂烦琐,他们会失去耐心,甚至是产生挫败感,不愿意再使用该产品,所以在进行婴童产品设计时,要遵循易用性原则,让婴童能通过简单的学习,快速与产品进行互动。在易用性的基础上,可以对产品加以恰当的挑战设计,让儿童从挑战中获得快乐。在设计挑战时,针对低龄儿童可以设计一些简单的、重复的动作,对于年龄较大的儿童,可以是阶梯型难度的内容。如图 2-1-5 所示的河南博物馆文物盲盒,使用者只需要戴上手套,手握"考古神器",仔细谨慎挖下每一铲,再用小刷子细细清扫,一顿操作后,就可以"幸运"地挖到"文物",无论是儿童还是成年人都可以从中获得乐趣。

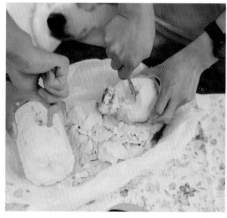

图 2-1-5　河南博物馆文物盲盒

第二节 婴童用品设计的方法

1.仿生设计方法

仿生设计是以仿生学的理论为基础,模仿自然界万事万物的形态、功能、结构等方面的特性,并通过创新思维方法,将这些特性合理运用到产品研发中的一种设计模式,旨在构建人、人造物、自然三者之间高度和谐的关系。仿生设计应用于婴童用品设计之中,作为社会生产活动与自然界的契合点,既能满足儿童亲近自然、接触自然的美好愿望,又能解决儿童的需求。仿生设计具体有如下五种仿生方法:

(1)产品形态仿生

设计师基于对仿生物形态方面的认知,提取出生物的外部形态特征,将其融入产品形态,赋予产品全新的设计造型,即为产品形态仿生,它注重的是对仿生目标外部形态的提取再设计。产品形态仿生是婴童产品中最普遍的仿生类型。图 2-2-1 所示的儿童车,提取了小马的形态与儿童车结合,既增强了产品的审美属性,还赋予了产品隐喻属性;图 2-2-2 所示的存钱罐,采用萌趣小鸭造型,培养孩子存钱的好习惯。

(2)产品结构仿生

设计师通过学习生物内部的结构,分析其内部组织方式与运行模式,并结合工业设计的理念对产品的结构部分进行仿生创新,使设计出来的产品具有该生物的结构特性,用巧妙的结构解决设计上的难题,即为产品结构仿生。某些儿童玩具车的整体外形选取了蛋壳的形状,在基于儿童的视觉认知产生亲切感的同时更易于儿童在玩耍时自由进出,避免儿童在玩耍时造成碰撞的风险。

图 2-2-1 儿童车

图 2-2-2 萌宠背包存钱罐

（3）产品功能仿生

产品的功能仿生设计主要研究的是生物在自然环境中固有的功能原理,观察分析出该生物存在的功能特性,运用这些特性原理去改进现有的或建造新的技术体系,从而得到相关产品在功能设计方面的启发,促进产品的更新。如图 2-2-3 所示的模拟植物可以根据温度变化而显色的特性的橡皮泥,不仅能像普通橡皮泥一样随意捏出各种造型,还能根据温度变颜色,极具童真和创想设计,让橡皮泥"活"起来。

（4）产品色彩仿生

生物的色彩是生物存在的重要特征,设计师可以根据自然生物本身的色彩个性,在产品的色彩搭配上得到灵感,打破以往产品较为普通的色彩配色。婴童产品通过色彩仿生可以传达某些特定的信息,以满足用户的个性需要。如图 2-2-4 所示的水杯,水杯的造型提取了小鸭子的特征,杯套采用小蜜蜂的黄黑的配色,整个水杯融入了两种小动物的元素,童趣十足。

（5）产品肌理仿生

肌理的仿生设计主要是指从木材、石材、动物表皮等自然材质的表面肌理特征中提取可作用于产品材质及纹理方面的特征元素,并将这些元素与产品的表面结构进行充分的融合设计。

2.趣味化设计方法

趣味化设计是指通过产品表达一定的情趣和趣味,使产品饱含情感色彩,让使用者感到愉悦,产生情感上的共鸣,获得精神上的愉悦和情感上的满足。具体有如下两种趣味化设计方法。

（1）外观趣味设计

外观主要包括产品的造型、色彩和材质。例如,秋千作为一个使用时脚不接触地面的产品,常常会让人感觉不安心,而图 2-2-5 所示的这款秋千以稳固的三角形作为产品的形态,侧面设计小房子的造型,让使用者感受到家的温馨,产品的结构以及外形都使人感到安心和安全,能够打消消费者对于安全问题的顾虑,使其放心购买。

图 2-2-3 会变色的橡皮泥

图 2-2-4 儿童水杯

图 2-2-5　秋千　　　　　　　　　　图 2-2-6　Bolita 触摸式交互灯

(2)交互趣味设计

在用户与产品的互动过程中,产品可以以趣味化的使用方法来达到加深用户印象的目的。例如图 2-2-6 所示的这款触摸式交互灯,通过灯泡底部的移动可使玻璃外壳的 LED 灯变亮或变暗,这种触摸式的开关增强了使用过程中的趣味性。

3.情感化设计方法

情感化是指人在外界事物的作用下所产生的一种生理反应。情感化设计方法是一种着眼于人的内心情感需求和精神需要的设计方法,最终创造出令人快乐和感动的产品,使人获得内心愉悦的审美体验,让生活充满乐趣和感动。在唐纳德·诺曼所著的《情感化设计》一书中,他将情感化设计分为三种层次——本能水平的设计、行为水平的设计和反思水平的设计,对儿童产品进行情感化设计的时候,也需要从这三方面入手。

(1)本能水平的设计——外形

本能水平的设计更多地考虑人体器官在触觉、视觉、听觉等方面的直观感受,关注的是产品的外表。从本能水平来看,婴童和成年人一样都喜欢外观美丽的东西,因此在产品的造型设计上,需要在外观的视觉效果的设计上符合儿童本能水平的认知,其造型可以来源于自然界中的物体形态或是卡通形象。

(2)行为水平的设计——使用的乐趣和效率

行为水平的设计是关于使用的设计,是指使功能最大限度地符合人体和人的行为方式,让消费者能够很自然地学会操作。行为水平设计讲究的就是效用。因此,除了外观美丽之外,婴童产品的设计要注重其使用功能、舒适程度以及操作的趣味性。

(3)反思水平的设计——自我教育、引导、个人满意

反思水平的设计关心的是使用者对事物的态度。我们要在婴童产品设计上注意正面的反馈,使儿童在使用的过程中能够得到鼓励、引导和帮助,例如在完成某一关卡或是任务后能得到鼓励,难度太高、儿童无法独立完成时可以得到提示,让儿童在使用过程中感受到趣味以及温暖,以此来影响儿童在使用产品过程中的心理感受。

4.运用动漫元素设计方法

婴童处于身心快速发展的时期,他们对事物有强烈的好奇心。由于动画片在婴童群体中受

关注度较高,热播动画片中的动漫形象备受婴童的喜爱,使得动漫元素成为婴童产品市场中运用最多的元素之一,无论是儿童书籍,还是玩具、服饰,处处都有动漫元素的身影。相较于成年人,婴童更为感性,他们会简单地通过产品的外观形象来片面地判断产品的好坏,不会考虑过于复杂的因素,因此,将动漫元素融入产品的设计中能更好地吸引婴童这一人群。将动漫元素融入产品设计并不意味着简单的粘贴或是单一形象的堆砌,而是要抓住色彩、图形等视觉要素的特性,进行有机的结合。动漫元素主要有两种运用方法:

①直接应用动漫元素。

对于有一定名气的动漫角色,可直接购买版权或是联名合作,将其应用于各种已有的产品上,例如水杯、潮玩、包包、雨伞等,如图 2-2-7、图 2-2-8 所示。

②改进性设计。

当直接应用动漫角色有一定难度时,需要对动漫元素进行改进,使其符合产品特点,然后再应用。如图 2-2-9、图 2-2-10 所示的画板,为了将小熊、小象的形象运用在画板上,就需要对小熊、小象进行改进,使其符合画板这个产品的使用特点,更好地与产品结合。

图 2-2-7　布朗熊周边产品水杯

图 2-2-8　布朗熊周边产品摆件

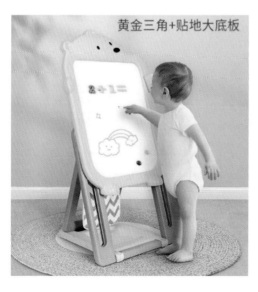

图 2-2-9　画板(小熊)

图 2-2-10　画板(小象)

合理地运用动漫元素对婴童产品的销量有促进作用,但在产品设计的过程中,对这些元素的运用要遵循一定的原则。

①运用正面的动漫形象。

无论是运用已有的动漫形象,还是设计师自主设计动漫形象,都要全方位地考虑到动漫形象对儿童的影响。一方面,动漫形象不仅仅能够引起儿童使用该产品的兴趣,还能在一定程度上进入儿童的内心,影响儿童价值观的形成;另一方面,婴童产品的购买者主要是婴童的父母,他们都希望购买的产品能对儿童的成长起到积极的作用。因此,无论是出于对使用者还是购买者的考虑,婴童产品都需要运用正面的动漫形象,传递更多的正能量。例如2022年北京冬奥会的吉祥物冰墩墩,如图 2-2-11 所示,寓意创造非凡、探索未来,体现了追求卓越、引领时代及面向未来的无限可能,将这种积极正面的形象应用到婴童产品设计中,不仅能吸引孩子的注意力,还能引导他们形成正确的价值观。

②保留动漫形象的特征。

当动漫形象无法直接应用在产品上而需要改进时,要尽量保持动漫元素的外观特性和色彩特性,不影响这些形象的可识别性,让人能够一眼认出。如图 2-2-12 所示的布朗熊雨伞,虽然对布朗熊的形象进行了改进,但保留了其具有特色的五官以及标志性的色彩,所以人们依然能够一眼认出布朗熊的形象。

③谨慎选择应用对象。

由于儿童对事物充满了强烈的好奇心,所以儿童看到自己喜欢的动漫形象时,会想要触碰,甚至是将其放进嘴里。因此,在可能会对儿童造成伤害的产品上应避免使用动漫形象,以免对儿童造成不必要的伤害,例如剪刀、药品、机械装置等。

图 2-2-11　2022 年北京冬奥会的吉祥物冰墩墩

图 2-2-12　布朗熊雨伞

第

3 章

婴童用品设计与实训

第一节 实训项目一:衣——穿戴用品设计

1.课程概况

(1)课程内容

婴童群体的"衣"相关的产品主要指婴童服装和穿戴相关产品。父母们对孩子的着装穿戴服饰越来越讲究,他们不仅仅注重童装的款式,对衣服的舒适性、功能性追求也越来越高。近年来,婴童产品服装和穿戴相关产品有偏向智能化的趋势,智能化越来越受到家长的热捧。智能服饰通过在婴童服装上植入心肺监测功能、自主发光材料、定位模块元件等智能构件来实现服饰的智能化,从而为婴童的安全、健康成长保驾护航。

参考选题:智能化婴童服装设计、多功能儿童服装设计、监护仪服装设计。

(2)训练目的

学习如何围绕婴童相关的服装和穿戴产品,发现婴童及用户群体在使用过程中的问题及潜在需求,寻找到设计的切入点;

学习如何利用专业前沿知识,综合运用仿生化、情感化、趣味化等设计方法,设计婴童相关穿戴产品;

学习归纳总结及提炼调研资料,凝聚设计点,扩展设计思路;

深刻体会设计师的职责,关注弱势群体,奉献爱心,融入课堂思政内容。

(3)重点和难点

重点:了解婴童服饰和穿戴产品的范畴,了解每个产品的使用方式、状态和设计原则,从婴童的生理和心理特征出发,观察婴童群体的潜在需求。

难点:将仿生设计方法融入婴童相关穿戴产品设计中,从婴童群体的审美特性出发,从形态上进行创新,运用形态语意传达设计理念,实现婴童穿戴产品的创新设计。

(4)作业要求

本训练要求以小组的形式进行,2~3人一组,共同完成婴童需求部分的调研,根据婴童需求提出穿戴产品可能的设计方向,个人再运用仿生的设计方法进行扩展。要求参与的成员尽可能多地提出仿生的生物原型,在提出仿生原型时,结合信息技术考虑产品的属性,运用多种仿生方法进行扩展思维。

小组成员共同提出以"衣"为方向的婴童穿戴产品的类型及使用新技术的种类,在此基础上进行同类穿戴产品的分析及调研,确定新技术运用的方式方法;然后进行设计步骤的展开、方案评估及论证、人机数据采集及分析、设计效果展现、排版等。

个人完成后期的设计部分,包括草图、设计展开、设计细节、设计产品的尺寸和设计表达以及排版。

要求提交以下设计成果:

设计报告书一份(PPT格式),内容包含:设计背景分析,设计调研,相关产品调研(同类产品案例调研,技术调研等内容);市场调研(用户调研等内容);调研结构分析;确定设计目标,明确设计定位,进行设计方案的可行性分析。

设计展板一套,内容包含:构思草图、设计方案草图,最终设计方案、设计说明、情景使用图、三视图,设计三维表达。尺寸:A3。DPI:150。2~3版,竖版。要求逻辑清晰,重点突出,版式美观。

2.设计案例

(1)具有代表性的大师级设计作品

案例 1:Exmobaby 婴儿智能服装(监护仪)

设计师:Marta Rojas。

设计说明:

Exmobaby(见图 3-1-1 和图 3-1-2)是一件纯棉的婴儿睡衣,专为婴儿量身设计,睡衣内置可拆装、由特殊健康面料包裹着的感应带。感应带用于测量婴儿的心率,通过其独特的生物传感技术,能够监测婴儿的生命体征等重要数据,从而感知其情绪和健康状况;另外还能够敏锐地察觉到婴儿内衣里任何轻微变湿的迹象,从而感知其尿不湿的状态。Exmobaby 还自带蓝牙和3G 无线通信功能,因此父母无论何时何地都能掌握婴儿情况。

Exmobaby 睡衣外设有体温计、运动传感器以及调频收发器,可以把婴儿的体况数据传送到室内的小基站。该基站在夜间可以起到照明作用,还具有 3G 通信和蓝牙通信模块,配有显示屏,可充电持续使用。无线发送器等电子器件被安置在这个单独的室内小基站内,不会靠近婴儿本身。设备正常使用时调频收发数据的间隔为 3 分钟,低辐射、低热量、省电。

产品本身没有容易被婴儿误吞的部件,传感器和收发器不会因婴儿乱动而轻易掉落,对于成年人来说却拆装方便。睡衣材料为纯棉,安全、防过敏、轻盈、舒适,并且实用性强。设备能够轻松地通过手机应用激活使用。这款婴儿服有 4 个码数,适合 0~12 个月不同体型的婴儿,所有功能都由测试验证过。婴儿服装上的电池可供运行 8 小时以上,一晚都无须更换。系统基于3G 移动通信应用,无须 Wi-Fi 或互联网络,可随时随地携带,软件无线自动更新,无须使用电脑端接口。

图 3-1-1 Exmobaby 婴儿智能服装(监护仪)1

 设计点评:

用科技为宝宝的健康成长护航,Exmobaby 能让父母们更加放心出门,随时随地监视宝宝

图 3-1-2　Exmobaby 婴儿智能服装(监护仪)2

的情况。即便是一些家长容易忽视的健康小问题,该产品也能捕捉到它们的信息。Exmobaby
婴儿智能服装(监护仪)是妈妈们育儿生活贴心好帮手,让妈妈们享受愉悦生活。

设计分析：

人群定位——0～12 个月婴儿。

解决的痛点——解决不能时时监控守护的问题。

加法思维——服装＋婴儿监护仪。

案例 2：Kimono 智能婴儿服

设计团队:Mimo 公司。

设计说明:

这是一款装有传感器的连体裹身式婴儿服,正面有绿色条形装饰,上面的传感器可以监测
宝宝的呼吸、体温、身体姿势和活动强度等。数据收集后,可通过蓝牙将信息实时推送到父母的
智能手机上,父母不需无线网络就能够随时随地掌握宝宝的一举一动。父母还可以查看以前记
录,了解宝宝的睡眠模式。如果发生意外,父母还能接到报警。Kimono 的芯片隐藏在绿色条
形装饰处的可拆卸的塑料乌龟内。该塑料龟防水,能够承受婴儿咀嚼的力度,体积较大而不会
导致婴儿窒息。(见图 3-1-3)

图 3-1-3　Kimono 智能婴儿服

设计点评：

　　可穿戴技术产品没有年龄界限,结合高科技与趣味育儿,针对婴幼儿的每一个阶段打造监护宝宝生命安全的智能产品是目前婴童用品的设计趋势。该婴儿连体衣坚持以人为本,简单有趣,可帮助爸爸妈妈们更好地监护宝宝。

　　设计分析:

人群定位——0～12个月婴儿。

解决的问题——以人为本实现时时监护。

如何解决——结合智能高科技,将服装作为载体。

(2)具有代表性的学生创意作品

案例1：儿童哮喘手环

所获奖项:2020年德国iF设计新秀奖。

团队成员:郎昭凯、朱鑫宇、郑浩、张慧娴(武昌理工学院)。

指导老师:梁雅迪。

设计说明:

　　儿童哮喘手环(见图3-1-4和图3-1-5)是一款应急照料产品。若儿童在户外游玩时突发哮喘疾病,家长能通过手环的智能芯片在第一时间知晓儿童身体状态,同时儿童能够利用手环迅速吸入药物,并能及时就医,得到治疗。该产品让患病儿童能够和其他小朋友一样在户外自由游玩,家长能通过手机监测儿童身体状态,也更为安心。

　　相较于目前市场中的哮喘类吸入瓶,儿童哮喘手环更加人性化、智能化。手环贴合儿童手腕部,外观形态与儿童喜闻乐见的智能型穿戴设备趋于一致,带来更好的使用体验。该产品实时监控身体状态指标,迅速提供药物治疗,配合良好的穿戴体验,给儿童和家长带来更加人性化和智能化的帮助,可提升患有哮喘疾病的儿童在户外游玩时的安全性。

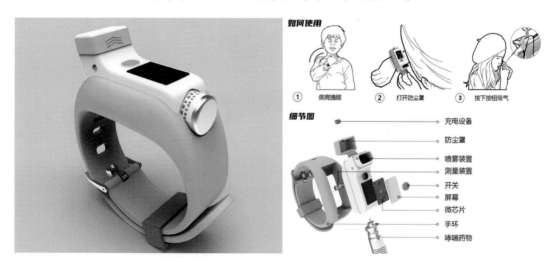

图3-1-4　儿童哮喘手环1

图 3-1-5　儿童哮喘手环 2

案例 2：It's my secret

所获荣誉：2017 年德国 iF 设计新秀奖入围。

团队成员：聂菲一（武昌理工学院）。

指导老师：余春林。

设计说明：

儿童性侵害事件已经引起越来越多的公众关注。此类事件也从侧面反映了儿童性教育的不足。

"It's my secret"（这是我的秘密）是为学龄前儿童设计的服装教具。它还包含游戏功能。预防性侵害的教学目标可以通过教学和游戏的互动来实现。基于该教具，利用游戏和互动的经历，教师可向幼儿指出身体的私人部位是不可触碰的，增强了儿童对私处的自我保护意识。（见图 3-1-6、图 3-1-7）

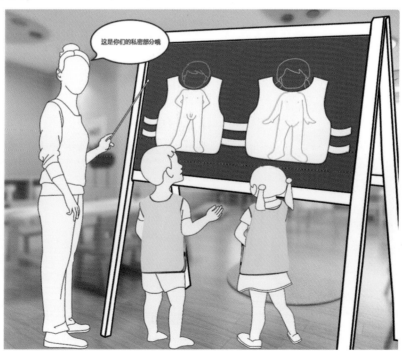

图 3-1-6　It's my secret 1

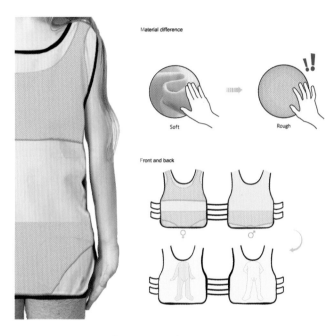

图 3-1-7　It's my secret 2

3. 知识点

(1) 智能信息技术的运用

在网络大数据、物联网及人工智能等技术的支持下,智能信息技术应用到婴童产品领域中的时间虽然不长,但也已得到了快速的发展,智能的生活方式逐渐成为人类生活中必不可少的一部分。在这个时代背景的影响下,婴童产品也逐渐步入信息技术的时代。信息技术的介入,赋予婴童产品动态的、智能的、活泼的特性,信息技术实现的虚拟互动体验可以帮助儿童与家长进行更好的沟通与交流,同时也带动了信息技术在新领域的发展。

目前市场上的智能产品主要有智能纸尿裤、智能床垫、智能鞋、智能监护仪、智能早教机等,家长通过手机 APP 便可获知宝宝换尿布的时间、睡眠状况、体温等,还可以了解宝宝骨骼成长状况。智能化已深入婴童产品的各个方面,正在形成一个智能大产业,智能睡眠工具将是现代科技的发展趋势。如图 3-1-8 所示的凡米小豆智能纸尿裤,分别有智能提醒、预防红屁股、健康周报、尿不湿评分四个功能,用户看外包装就能了解该产品的功能并学会使用该产品。又如图 3-1-9、图 3-1-10 所示的 Ddiaper 智能尿不湿,用户通过手机 APP 连接婴儿的纸尿片,可第一时间知道婴儿的状况。

通常来说,智能产品可以分为低级智能、中级智能和高级智能。低级智能是指产品具有自适应、自生长、自修复、自稳定等特征的行为智能;中级智能则是能够在行为智能的基础上具有自我认知能力,能够自感知、自认知、自识别、自诊断;而高级智能则是通常意义上的人工智能。

设计智能化儿童产品不仅是家长的迫切需求也是市场发展的必然趋势,而启蒙期是儿童身心发育迅速的时期,儿童在此阶段接触到的智能化的产品可以协助他们建立健康、完善的世界观、价值观、审美观,更重要的是智能化产品可以充分照顾到儿童的特殊需求,为婴童生活提供更大的便捷性。因此,婴童产品的智能化,对于婴童的身心健康发展有着特殊的意义。

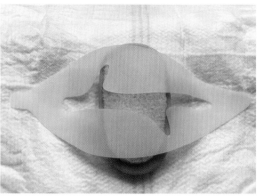

图 3-1-8　凡米小豆智能纸尿裤

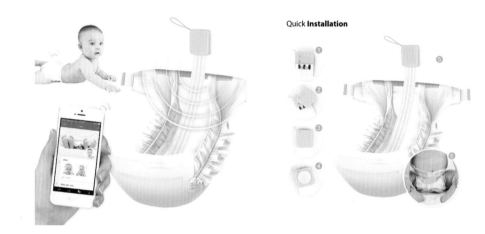

图 3-1-9　Ddiaper 婴儿智能尿不湿 1

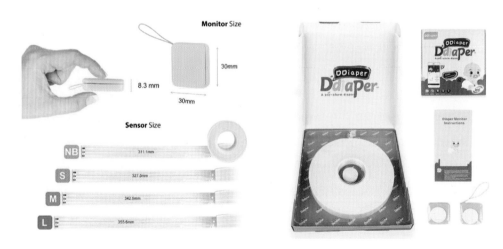

图 3-1-10　Ddiaper 婴儿智能尿不湿 2

（2）婴童产品形态仿生设计手法的运用

形态仿生是指设计师基于对仿生物形态方面的认知，提取出生物的外部形态特征，将其融入产品形态，赋予产品全新的设计造型。产品形态仿生是婴童产品中最普遍的仿生类型，它注重的是对仿生目标外部形态的提取再设计。

大自然是人类赖以生存的环境,人类通过对各类生物形态及习性进行观察模仿,得到了众多设计的灵感,进而对工业产品的形态实现了突破与创新,从而发明出了许多形态仿生的产品。

如图 3-1-11 所示,以长颈鹿的外形作为床铃的外形,增加了产品的趣味性。又如图 3-1-12 中仿照企鹅、鸭子、小猪形态设计儿童水杯,增添了水杯的趣味性。

婴童产品形态仿生设计的步骤:

①确定仿生目标:针对目标产品的属性,对婴童群体进行形态认知、功能需求、生物喜好等方面的数据调研,从而确定仿生原型。

②仿生目标特征的认知:生物的特征主要依赖于外部形态的表现,要学会正确处理仿生物的形态特征与目标产品造型之间的内部关系,同时也要考虑到儿童的认知能力,应该提取相对简洁、易认知、特征明显的形态特征。

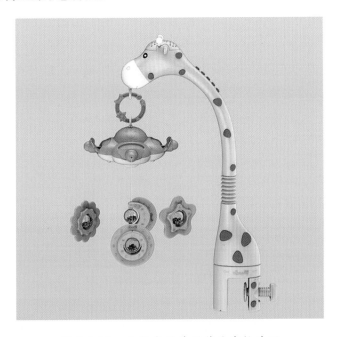

图 3-1-11　长颈鹿的外形作为床铃外形

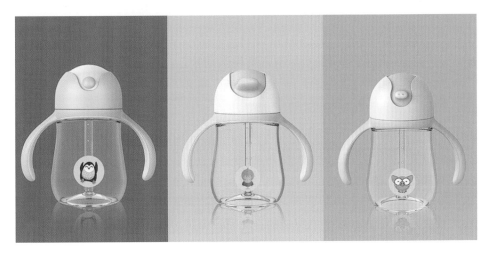

图 3-1-12　形态仿生的儿童水杯

③仿生目标特征的提取:对仿生物的外部形态、功能特性、生活习性等方面进行仔细的观察记录,提取有用的形态及结构特征,并用手绘的方式记录下来。

④仿生目标特征的简化:将提取到的特征线条进行简化,并得到具有该生物形态特性的线条或轮廓线。

⑤仿生目标特征的设计转化:将简化得到的特征线条与目标产品的形态特征进行结合设计,并通过绘画以及建模的方式完成最终的设计转化。在这一过程中需考虑产品的形态是否符合儿童认知心理的需求、产品的操控方式是否简单易上手、产品是否考虑到儿童误操作时的安全隐患等。产品外形的简洁新颖性以及操控的安全便利性对于儿童这个用户群体来说是非常重要的。

4.实践程序

以婴童背包产品的仿生设计为例进行课题训练。

(1)理解课题

该课题设计是在 2018 年由光华设计基金会和汉能控股集团有限公司联合主办、世界绿色设计组织支持的首届龙腾之星·汉能杯设计大赛的基础上进行的。课题要求基于创新理念,结合薄膜太阳能技术的现状和使用情况,从发电背包出发,结合应用场景进行设计;要求运用新材料进行创意,同时运用仿生的设计手法。

本课题训练目的明确,对训练学生的造型能力有针对性,同时对学生深入设计方案的能力有较高要求。

婴童背包按照不同年龄设计的功能有所不同,大致分为 2 类:一类为防走失包,主要针对12~36 个月幼童;另一类回归背包本质,主要针对学龄儿童,起到收纳物件的功能,包括书包、户外旅行背包等。部分儿童背包为双背带样式,少部分为单背带样式。儿童,特别是幼童,生理和心理都处于发育阶段,其最大的特点就是对新鲜事物都充满好奇心。为了吸引儿童,各大生产企业在商品的设计上往往就会使用特别多的元素,例如配色鲜艳明亮、对比度高,图案上大量使用卡通插画,外观上多使用立体塑形、装饰物等。

小组成员经过初步讨论后决定将设计方向定位于学龄期儿童背包,年龄定位在 6 岁以上,采用太阳能板新材料。

确定设计内容的工作包括:

①进行一系列的调研,了解并分析现有儿童学龄期背包的种类、品牌特点。

②了解背包的内部结构、功能分区、材质。进行儿童用户分析、调研,了解儿童群体对背包的需求特征,根据市场调研的结果明确设计定位。

③针对儿童背包的形态与功能进行分析,充分考虑儿童的生理、心理特征,结合薄膜太阳能技术设计更为人性化和更符合用户需求的儿童背包。

(2)设计资讯收集与整理

小组成员分别从儿童书包市场调研、儿童书包尺寸调研、同类产品调研、儿童书包需求调研、薄膜太阳能技术调研、薄膜太阳能背包的设计现状调研、儿童背包仿生形态意向调研等几个方面进行了资讯收集。

①儿童书包市场调研。

书包是小学生上学的必需用品,而且由于小学生如今的学习压力日益增大,对书包的要求也就越来越高,所以总体来说,在市场上书包的销售潜力还是比较大的,同时由于书本越来越重,书包使用的寿命也越来越短,书包的需求量还是比较大的。

综合如今市场上的产品,从形态上划分主要有以下几种类型:

从外观上分,有卡通型、单色型;从功能上分,有减负书包、普通双肩背包、拉杆式书包等。

卡通型:如今的小学生书包上的图案主要以卡通人物为主,比如白雪公主、米老鼠、唐老鸭、维尼小熊、喜羊羊与灰太狼等卡通形象,比较花哨,更强调趣味性,而且十分大众化。同时,所选择的卡通图案类型共有两种,一种是较为经典的卡通人物,如迪士尼动画中的很多卡通形象,另一种就是最近所风靡的一些动画或生活中的人物,例如喜羊羊与灰太狼、福娃等。

单色型:市面上书包颜色有红色、黄色、蓝色、灰色、黑色等,但是由于年龄的特点,多以较亮丽的色彩为主。比较之下,还是印有卡通人物的书包更受欢迎一些。

减负书包:在现有书包与人体背部之间、在构成书包的柔性装物袋垂直方向上设置刚性支架来实现减负功能。上述的刚性支架由刚性主架、与刚性主架成套配合设置的刚性滑动架以及定位在刚性滑动架下部的柔性软垫三者构成。人体在背书包时臀部会对柔性软垫有向上的分力作用,使得人体臀部位置与人体的左右肩部共同分担书包的重量,为大幅度减少书包对人体左右肩部的压力创造了条件,提高了人体背书包时的舒适程度。减负书包的带子比一般书包要宽,而且更加柔软,这就增大了肩膀对书包的受力面积,进而更好实现减负。

拉杆式书包:由于书包过重的原因,"背"书包已经成为一种劳累,于是拉杆式书包应运而生。它类似于旅行箱,如同在书包上安上了一个拉杆装置,使得书包可以在地上拖动,减轻了学生的负担。

一般的书包的结构包括书包背带、书包口袋(包括外在大小口袋、内口袋、侧口袋等)、书包拎带等,应按人体工程学设计,适合所有的学生,尽量减轻负重对身体发育产生的负面影响。

常用材料及工艺如下:

布——较为常用,成本较低,易坏,承受压力的能力较弱;

尼龙——质量较好,成本较高,使用时间长;

帆布——耐脏。

②儿童书包尺寸调研。

儿童背包的尺寸直接决定了背包使用的舒适度,中国卫生行业标准《中小学生书包卫生要求》(WS/T 585—2018)中明确规定了不同身高的儿童对书包尺寸的要求,如表3-1-1所示。

表3-1-1 儿童书包尺寸及身高适用要求

书包型号	书包高/mm	书包长/mm	书包宽/mm	学生身高范围/cm
1	420	320	160	≥166.0
2	380	300	140	144.0~165.9
3	330	300	120	128.0~143.9
4	300	280	100	<128.0

注:尺寸的允许误差范围为±5 mm。

按照年级(年龄)来区分,书包的尺寸要求如图3-1-13所示。

③同类产品调研。

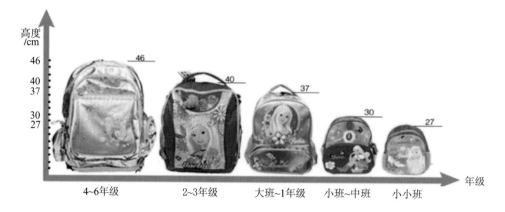

图 3-1-13 书包尺寸要求

国内受欢迎的书包品牌有:

卡拉羊:浙江卡拉扬箱包集团创建于1997年,是国内销售范围最广的箱包品牌之一。卡拉羊是该集团旗下原创箱包品牌,所含儿童书包款式多样。在书包肩背设计方面,卡拉羊也采用多层缓压材料用于减震,U形肩带贴合肩颈和胸部曲线,增加卸力分解面,缓解背部重压;大容量多隔层设计方便收纳各种物品,U形开口方便取出大开本书本。卡拉羊儿童书包售价在200元左右,价格实惠且选择丰富,颇受家长和孩子欢迎。

Materns(玛汀斯):国内新兴品牌。历经4年的研发,Materns书包于2019年12月正式面世,真正实现了防驼背、书包减负、便捷使用、安全防护、优美外观五大特点,成为"学生好伴侣"。产品设计重点就是更好地将书包重力分散,做到了书包"减负"。

乐同:采用6D护脊技术,孩子背着轻松,更有利于脊柱的生长发育。(见图3-1-14)

梦乐:图3-1-15所示的梦乐书包曾获2019年红点设计奖,插画和书包融为一体,合二为一,看见书包仿佛置身童话王国,高颜值使其深受孩子们喜爱。

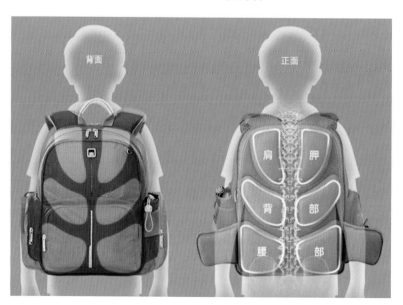

图 3-1-14 乐同书包

图 3-1-15　梦乐书包

国外受欢迎书包品牌有：

GMT for Kids：挪威品牌，其超轻自重和专利护脊背板，可以转移超 30％的肩部压力；采用 360°反光条设计；抗菌 99％；拥有 22 L 大容量；通过了欧盟安全认证；整体造型是小方包款式，硬挺、美观，颜值颇高。

BACKCARE：荷兰品牌。书包悬浮装置，可以有效分散 30％压力到腰部和胸部；可调节的背带可满足不同身高对尺寸的要求，使背包更舒适；书包分区合理，容量大。

Beckmann：儿童书包，专注护脊 75 年，颜值爆表。（见图 3-1-16）

图 3-1-16　Beckmann 书包

书包品牌的对比分析如表 3-1-2 所示。

婴童用品设计

表 3-1-2　书包品牌对比

品牌	书包编号	适用年级	适合身高/cm	书包自重/g	书包尺寸(高×宽×厚)/(cm×cm×cm)	独有特点	价格区间	减压护脊	外观颜值
卡拉羊	卡拉羊-1	1~4年级	115~130	780	36.5×28×17	一根拉链贯穿整个书包,通过拉链可以把书包拆成一片式,非常方便清洗书包内部角落	200元左右	U形透气肩带,彩虹平衡背带	颜色多,清新可爱
	卡拉羊-2	4~6年级	130~160	820	36×30×20				
	卡拉羊-3	1~4年级	115~130	1004	34×29×18	一体式开口,抑菌书包,书包高度低	200~300元		
乐同	乐同-1	1~3年级	115~130	700	37×32×13	6D护脊,减压护脊效果好	500元左右	6D护脊专利技术	朴实、简约、不花哨
		3~5年级	130~160	900	39×35×15				
		4~6年级	155~170	1015	42×38×20				
	乐同-2	1~3年级	115~130	900	37×30×13	龙猫造型,可爱个性	600~700元		
	乐同-3	1~3年级	115~130	1000	35×30×13	悟空迷彩造型,帅气个性	700~800元		
unme	unme	1~4年级	110~130	800	37×27×13	台湾品牌,简约不简单,低调奢华	500元左右	EVA-V型减压护脊	简约不简单,低调奢华
		3~6年级	130~150	1036	42×28×16				
玛汀斯	玛汀斯	1~3年级	110~130	880	35×27×14	书包打开方式是翻盖式,采用磁性搭扣,摒弃了传统的拉链,使用更方便	300元左右	8块S形3D海绵全背分摊重量	独角兽、恐龙的设计,令孩子爱不释手
梦乐	梦乐	1~3年级	110~130	约745	38×27×18	把奇趣、插画创造性地融入了书包设计中,孩子背着书包如同身处奇妙的童话世界	500~600元	内置轻量化铝合金杆	获得2019年红点设计奖
迪士尼	迪士尼	1~3年级	110~130	约600	36×30×12	迪士尼动画图案,孩子乐于接受	100元以内	S形背带,贴合人体曲线	迪士尼动画图案,孩子乐于接受
		3~6年级	130~150	约650	42×30×15				
江博士	江博士	1~3年级	125以下	约790	38×28×16	脊柱无压设计,书包背板中间部分凹入	200元左右	脊柱无压设计,书包背板中间部分凹入	低调、简单

品牌	书包编号	适用年级	适合身高/cm	书包自重/g	书包尺寸（高×宽×厚）/(cm×cm×cm)	独有特点	价格区间	减压护脊	外观颜值
GMT for Kids	GMT for Kids	1～3年级	110～130	约750	41×27×14	内外使用抗菌材料，抗菌高达99%	600元左右	小方包，轻量护脊背板	颜值爆表
Beck-mann	Beckmann	1～3年级	110～130	约980	39×26×18	空气背负系统，空间可扩展	1000元左右	专注减压护脊75年	颜值爆表
世界地理	世界地理	1～3年级	110～130	约990	32×23×15	德国品质，匠心工艺，联动式蝴蝶扣设计，符合人体工学	400元左右	德国专业护脊书包	简约、低调、有内涵

④儿童书包需求调研。

自重较轻：自重0.5～1.0 kg，书包总重量最好不超过孩子体重的10%。但书包不是越轻越好，材质太软没有支撑容易变形也不行，应有"减重"效果。

背面有支撑：书包的后背一定要有护脊设计，不易变形，有一定承托力。

肩带较宽，有胸部和腰部固定：在行走时书包不会滑动，有助于分散书包的重量，减轻对肩膀、脊柱的压力。

有反光条：书包的正面、侧面、肩带上有足够面积的反光材料。

五金件、装饰材料要合格：书包的拉链、搭扣、装饰图案要避免使用有害物质。

⑤薄膜太阳能技术调研。

目前资源的消耗和对大自然的污染迫使我们必须要进行新能源的开发，开发可再生、环保的资源，这是全球可持续发展的重要战略要求。摆在我们面前最大的一个能源就是太阳能，将太阳能合理地加以利用是符合可持续发展要求的，太阳能无污染，环保，取之不尽，用之不竭。太阳能电池是利用太阳能资源的重要表现，不管是在国内还是国外，太阳能电池都是非常普遍的。薄膜太阳能电池在太阳能电池中是性价比比较高的一种。

太阳能电池一般分为硅太阳能电池和非硅半导体太阳能电池。前者按照硅的结晶状态又分为结晶系薄膜式太阳能电池和非结晶系薄膜式太阳能电池，结晶又可以分为单结晶和多结晶。硅是地球上非常富有的一种元素，但是提取硅元素是比较困难的，为了解决这一难题，我们逐渐开始研究非晶硅薄膜式太阳能电池、多晶硅薄膜式太阳能电池或者其他元素的薄膜太阳能电池。薄膜太阳能电池具有成本低、效率高、寿命长、转换效率高、稳定性高、成本低、能耗低、污染低的特点。

⑥薄膜太阳能背包的设计现状调研。

太阳能背包产品的工作原理是：利用太阳能电池板将太阳能转化成电能，储存于背包的内置电池中，并通过不同接口对用电产品进行充电或供电。太阳能在背包设计的应用上不如服装

上多,虽然京东、淘宝、天猫都可搜索到很多太阳能背包在售,但数量不过百款左右。面对14亿人口的市场,其月成交量却寥寥无几。现有的太阳能背包色彩大多为黑色、暗酒红色、普蓝色与军绿色,色彩相对单调、沉闷;款式多为方方正正的,棱角分明,形状单一、少变化,缺少流线型的美感;包的分层常规,拉链方式无变化;功能性单一,大多只具有充电功能;太阳能面板为镶嵌式,无法拆卸,给洗涤带来了很大麻烦,且洗涤次数过多易影响到太阳能电池板和电路的使用周期;目标消费群体指向不明确。无论从色彩、外形还是功能来说,整体设计都过于单一,缺少变化,属于不是很受消费者青睐的对象,限制了太阳能背包的普及性。

⑦儿童背包仿生形态意向调研。

蜜蜂是对人类很有贡献的群居益虫,它们有严密的组织与勤奋工作的精神,因此蜜蜂象征着积极的意义。因其勤劳的特性和颜色形态漂亮可爱的特征,蜜蜂受到儿童的喜爱,在很多儿童产品中都被作为仿生形态的原型。蜜蜂有很多不同的种类,但是它们主要特征还是相似的,比如全身都有细密的绒毛,并且身体主要分为头部、胸部、腹部三节,一般都由类似黑色、棕色、黄色的颜色组成。蜜蜂的形态特征是体长8～20 mm,触角呈膝状,复眼是椭圆形的,嘴是嚼吸式的。蜜蜂有两对膜质翅,前面的翅膀大一些,后面的翅膀小一些。蜜蜂的腹部近似椭圆形,腹部体毛比较少,腹部的后面有螫针。

基于以上对蜜蜂形态特征的调研,小组成员进行了仿生形态的推敲,提炼蜜蜂的特征,同时考虑到男生和女生的性格特点,仿生形态增加了蝙蝠的造型,在此基础上绘制草图。

(3)个人发想＋小组讨论

在收集与整理设计调研资料的基础上将仿生的生物原型定在蜜蜂和蝙蝠上。完成个人发想,进行形态的推演,提出造型创意,然后进行小组讨论,表达各自的创意想法。

设计创意:

设计形态仿生蜜蜂和蝙蝠的太阳能背包。功能定位:带有 USB 充电接口和 LED 灯。形态定位:提取蜜蜂的形态元素及色彩,采用黄黑色条纹体现蜜蜂最具代表性的特征,将翅膀的造型融入书包拉链头的设计中;蝙蝠的形态提取到男孩书包造型中。人群定位:6 岁以上儿童。背包特点:采用汉纸太阳能薄膜板。(见图 3-1-17 至图 3-1-20)

图 3-1-17 蜜蜂形态

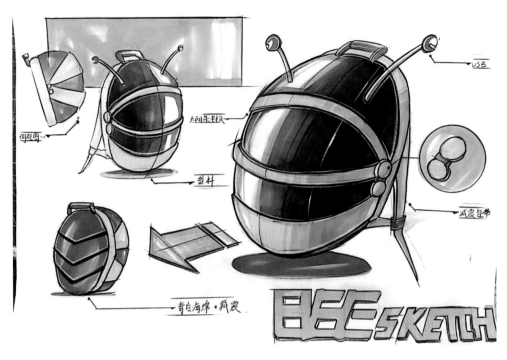

图 3-1-18　手绘草图（蜜蜂形态）

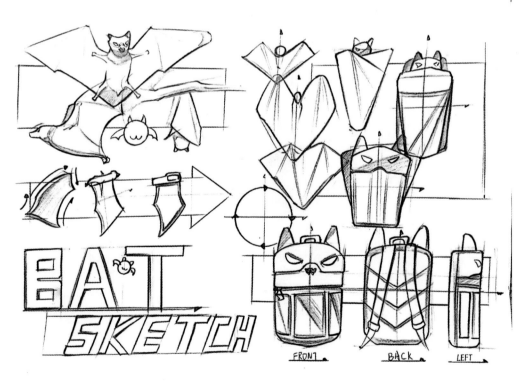

图 3-1-19　蝙蝠形态

图 3-1-20　手绘草图(蝙蝠形态)

老师点评:

　　设计中如果采用仿生形态的背包设计,需要考虑不同儿童的需求特点,以及产品的使用周期和产品系列化的问题。

　　(4)设计展开

　　设计展开详见图 3-1-21 至图 3-1-28。

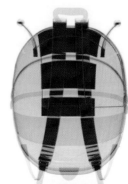

图 3-1-21　内部走线结构图

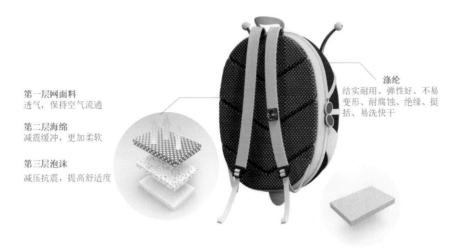

第一层网面料
透气，保持空气流通

第二层海绵
减震缓冲，更加柔软

第三层泡沫
减压抗震，提高舒适度

涤纶
结实耐用、弹性好、不易变形、耐腐蚀、绝缘、挺括、易洗快干

图 3-1-22　背包材质 1

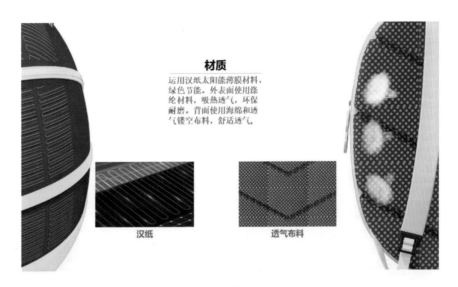

材质
运用汉纸太阳能薄膜材料，绿色节能。外表面使用涤纶材料，吸热透气，环保耐磨。背面使用海绵和透气镂空布料，舒适透气。

汉纸

透气布料

图 3-1-23　背包材质 2

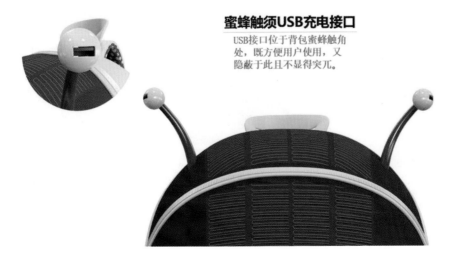

蜜蜂触须USB充电接口
USB接口位于背包蜜蜂触角处，既方便用户使用，又隐蔽于此且不显得突兀。

图 3-1-24　功能设计

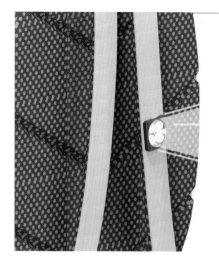

背带LED灯

位于背带上，方便使用，由太阳能供电，储存于灯中小电池，满足日常使用。

图 3-1-25　LED 灯设计

蜜蜂翅膀拉链

采用蜜蜂翅膀造型元素，走动时宛如蜜蜂扇动翅膀活泼可爱。增大拉链接触面积，色彩明显，方便使用。

图 3-1-26　拉链设计

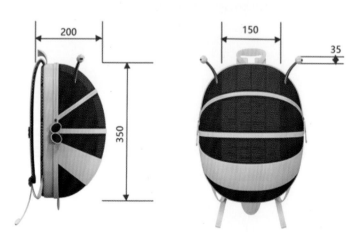
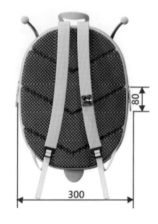

图 3-1-27　三视图及尺寸(单位:mm)

图 3-1-28 蝙蝠形态产品设计

(5)设计完成(设计排版、设计报告)

所获奖项:2018 年首届龙腾之星·汉能杯设计大赛优秀奖。

设计者:向子康(武昌理工学院)。

指导老师:余春林、李娟。

设计说明:

这是一款基于"绿色设计"理念的儿童太阳能背包设计。外形采用仿生的手法设计,在功能上运用了最新的太阳能薄膜技术,将儿童背包的设计与儿童电子产品有效结合起来,与科技接轨,同时满足新能源市场的需求。

该设计有助于打开儿童消费市场,普及太阳能的使用范围,倡导"绿色设计"的理念;能与市场上众多儿童电子产品接轨,适应性强;适用于各种不同的光照环境,方便耐用;将太阳能技术运用在生活化的产品中,提升人们对太阳能产品的关注度。设计中的太阳能方便实用,USB 接口实用便捷,采用人性化的 LED 灯设计及仿生的造型设计,加上书包独特的打开方式,整个设计显得人性化又实用美观。(见图 3-1-29)

图 3-1-29 使用场景

效果图排版如图 3-1-30 所示。

设计说明：

这是一款太阳能儿童背包设计，利用了最新的太阳能薄膜技术，储存太阳能并满足当今儿童在户外的用电需求。大面积的太阳能薄膜板位于背包后方，背包在任何光照的环境下都可以储能蓄电。自带USB接口，以供充电。USB接口位于高处，方便使用。出门上学、外出游玩时使用都是一个方便的收纳容器与功能设备。背带上附有一个LED小型照明设备，可以在光照不足的环境下提供照明，防止意外的发生。

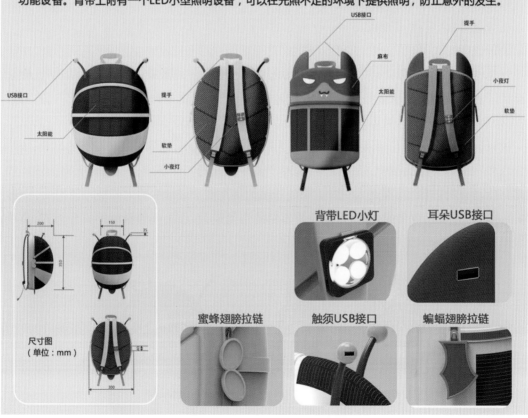

图 3-1-30　效果图排版

第二节　实训项目二：食——饮食相关用品设计

1.课程概况

(1)课程内容

现代婴童市场中,在需求的冲击下,有些婴童用品迭代越发成熟,市场趋向饱和状态,有些产品采用"网络爆款"的形式,不断刺激婴童用品的用户群体,这一点在婴童用品饮食相关的产品设计中显得尤为明显。了解婴童饮食相关的用品,能加强婴童用品创新设计的挖掘潜力。

本课程内容从婴童饮食相关的产品范畴出发,从现有产品着手,构建关于婴童饮食相关用品的宏观框架,在此基础上进行设计前期产品的调研,确定设计目标,合理运用趣味化等设计手法开展产品的创新设计。

参考选题:趣味化儿童餐具设计、智能奶瓶消毒器设计、儿童水杯设计。

(2)训练目的

学习掌握趣味化的设计原则和方法;

根据婴童群体的认知特征,寻找趣味化的形式表达;

运用趣味化设计手法增添婴童用品设计的价值;

培养爱心,关注弱势群体,树立正确的价值观。

(3)重点和难点

重点:对婴童饮食相关的用品的设计范畴有深入的认知,能分析产品的属性特点进而挖掘设计点,寻找到有价值的设计方向。

难点:能运用趣味化、情感化等设计方法解决婴童用品设计中的问题,增加产品的价值。

(4)作业要求

本训练要求以小组的形式进行,2～3人一组,共同完成婴童需求部分的调研,根据婴童需求提出饮食相关产品可能的设计方向,个人再运用婴童用品设计的原则和方法进行扩展。要求参与的成员尽可能多地提出趣味化的方法和表达形式,在考虑婴童群体特征的同时,结合产品的属性,灵活运用趣味化的形式进行表达。

小组成员共同提出以"食"为方向的婴童饮食相关产品的设计范畴,在此基础上进行同类产品的分析及调研,然后进行设计步骤的展开、方案评估及论证、人机数据采集及分析、设计效果展现、排版等。

个人完成后期的设计部分,包括草图、设计展开、设计细节、设计产品的尺寸和设计表达以及排版。

要求提交以下设计成果:

设计报告书一份(PPT格式),内容包含:设计背景分析,设计调研,相关产品调研(同类产品案例调研,技术调研等内容);市场调研(用户调研等内容);调研结构分析;确定设计目标,明确设计定位,进行设计方案的可行性分析。

设计展板一套,内容包含:构思草图、设计方案草图,最终设计方案、设计说明、情景使用图、三视图,设计三维表达。尺寸:A3。DPI:150。2~3版,竖版。要求逻辑清晰,重点突出,版式美观。

2. 设计案例

(1)具有代表性的大师级设计作品

案例 1:The Smart Breastfeeding Meter 智能母乳喂养仪

设计团队:Momsense。

设计说明:

如何科学地喂养宝宝成了新手妈妈关注的问题,这款智能母乳喂养仪配有一个 APP,通过成熟的识别技术来监测统计宝宝吃奶时的吞咽,从而计算喂养时间,估算喂养量。这款产品由 Momsense 耳机和安全传感器组合而成,并通过 3.5 mm 耳机孔与手机连通,整体外形与普通耳机没有区别,只是取消了线控部分。(见图 3-2-1 和图 3-2-2)

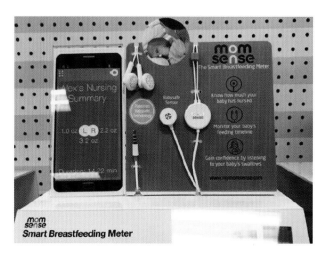

图 3-2-1　The Smart Breastfeeding Meter 智能母乳喂养仪

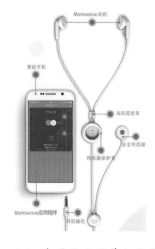

图 3-2-2　智能母乳喂养仪的结构

设计点评：

  Momsense 是中国深圳市医信科技有限公司从以色列引进的一款高端母婴用品品牌，拥有较长的历史。在 2012 年，由以色列的随军医生 Ahaziah Cohen 带领研究团队与当地医院联合，致力于解决妈妈们遇到的如何判断宝宝哺乳喂养量的问题，在 Momsense 研究团队的强大数据证实基础与现代科学技术的配合应用下，研发出了这款智能母乳喂养仪。

  该母乳喂养仪的耳机的外观，采用最为经典的入耳式设计，不仅能为用户提供更为舒适的佩戴感觉，同时耳机端入耳表现也非常服帖。材质方面采用低敏材质，专为宝宝设计。另外耳机搭载了防脱落佩戴系统，轻盈机身结合全方位的人体工程学防脱落设计，即便在宝宝哭闹过程中也甩不掉。

  设计基于婴儿独特的吞咽模式，这种特殊模式可以使母乳计量精准化，吞咽声音被声觉传感器提取后，能与哺乳摄入量相对应，形成一个规律性模式。这样采用充满乐趣的方式将宝宝的吃奶量记录下来，无形中让喂奶变得轻松有趣。

◉ 设计分析：

  不知道母乳喂养的宝宝在喂养过程中吃了多少、吃饱了没有，一直是困扰新手妈妈的问题。孩子在新生儿期吃不好，会导致出现睡不实、睡不安、容易哭闹以及体重不增加的情况，这些情况都会影响宝宝的正常发育。而对于新手妈妈来说，照顾一个哭闹的新生儿是一件消耗体力又影响心情的事情。每年都有新手妈妈因抑郁而自杀的事件发生，这些新手妈妈一方面因为照顾婴儿的经历承受巨大的心理负担，另一方面，因为照顾新生儿而感到身心疲惫，再加上产后生理激素的改变，抑郁症的发生率逐年升高。

  这款设计通过科技手段解决了困扰妈妈的问题。这类实用性强的设计产品，在设计时前期调研数据非常重要，直接决定了这款产品的设计价值。在前期调研过程中，Momsense 综合考虑以色列地区的社会环境和每年因母乳喂养的相关问题引发了多种疾病的社会现象，发现其中喂养量不足的问题占比超过 50%。另外，这款产品的实用效果和设计评价也非常好。这款产品记录并分析了当地医院出生的数以千万计的宝宝的吞咽声音信号，以此作为数据支撑；在实用效果上也通过实验来论证了该仪器的准确率。整体设计从问题出发，经过研究现象、发现吞咽规律、收集数据到测试，设计过程和流程完整严谨。（见图 3-2-3）

图 3-2-3　The Smart Breastfeeding Meter 智能母乳喂养仪设计过程

案例 2：FUNction Baby Bottle（成长奶瓶）

设计团队：上善设计。

设计说明：

婴儿奶瓶对有孩子的家庭来说是必不可少的。然而，由于其奶瓶的性质，它们不可避免地会变得无用，在婴儿长大后，这些奶瓶的归宿一般是垃圾桶。该多功能婴儿奶瓶的设计为婴儿奶瓶增加了乐趣和许多功能：对婴儿奶瓶进行再设计，奶瓶除了有常规的奶嘴外，还带有小猪存钱罐和 LED 灯可更换模块，在用户不再需要婴儿奶瓶后，奶瓶可提供其他用途。（见图 3-2-4、图 3-2-5）

图 3-2-4　FUNction Baby Bottle(成长奶瓶)1

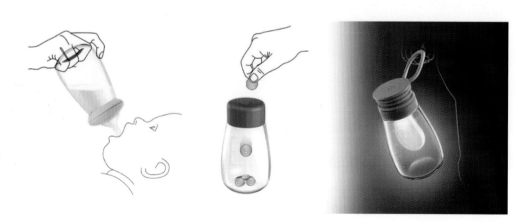

图 3-2-5　FUNction Baby Bottle(成长奶瓶)2

设计点评：

　　一款普通的奶瓶，在经过几个月的使用后一般都会被丢弃，故设计师结合婴童不同年龄的成长特性，从婴童用品再设计的角度，重新思考奶瓶的功能：将宝宝使用过的奶瓶，通过某种功能形式的改变，将成长性的概念置入奶瓶设计中，将闲置的奶瓶再利用起来，以趣味化的设计手法，运用模块化的方式延长了奶瓶的使用周期，也是在倡导一种 DIY 和环保的意识，同时从情感化的角度，让奶瓶带着回忆留存下来。

设计分析：

　　设计师从功能增加的角度来实现奶瓶的趣味化设计，提升了奶瓶的可用性，延长了奶瓶的使用周期。奶瓶除了能"吃"，还能"玩"和"用"，充满无限童趣。

　　(2)具有代表性的学生创意作品

案例 1：jelly＋

　　所获奖项：第九届全国高校数字艺术设计大赛三等奖。

　　团队成员：谭润琳、陈颢文、宁文聪、陈晨(武昌理工学院)。

　　指导老师：佘春林。

　　设计说明：

　　我国每年因错误地食用果冻而导致窒息的儿童有数千名。"jelly＋"是一种儿童果冻包装设计，可以防止儿童因缺乏成人监督、不当食用果冻而窒息的事件发生。"jelly＋"果冻包装设计中，果冻包装塑料盖下有一个"井"字形的栅格，果冻在被挤出的时候会被"井"字形的栅格切成小块，从而有效避免了整块果冻卡在儿童食道而使其窒息的风险。(见图 3-2-6)

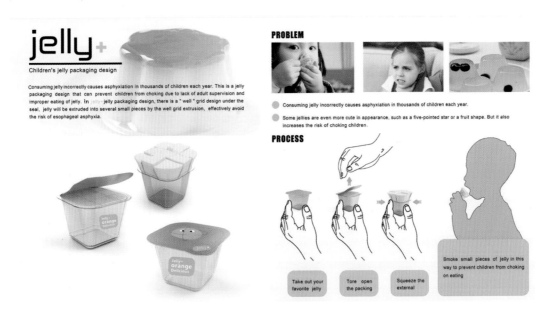

图 3-2-6　"jelly＋"果冻包装设计

案例 2：fruits teether

设计者：吴周叶妍（武昌理工学院）。

指导老师：潘思颖。

设计说明：

这是针对 6 个月到 18 个月宝宝设计的一款水果认知咬咬袋，将水果放入咬咬袋的同时可以根据水果种类安装上相应的水果咬胶，每款水果咬胶也都有各自的纹理，在婴儿磨牙期可以使用，同时咬咬袋拿握处有两个按键，婴儿使用时触碰到按键会听到描述对应水果的名称以及颜色的声音。婴儿在使用这款产品时可更多地建立对水果的相关认知。（见图 3-2-7）

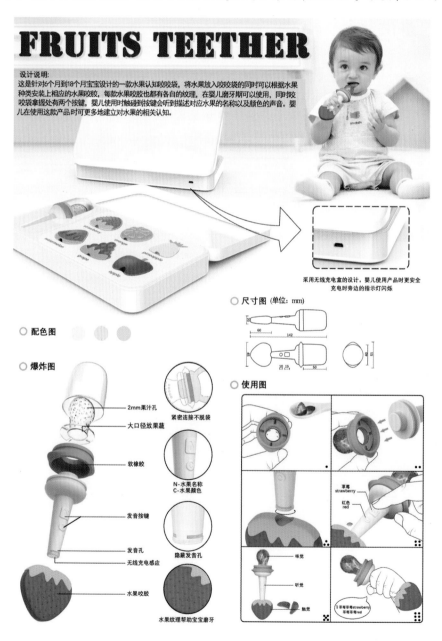

图 3-2-7　fruits teether

3. 知识点

(1)婴童用品趣味化的类型划分

婴童用品一般都具有趣味化的特点,但这种趣味化是一种童趣,是以儿童喜爱的又符合儿童心理的物与形作为设计基础的形态感受。设计上的趣味化是利用形态、功能、色彩、材质使产品变得有趣。趣味化设计是较为理性和含蓄的,是对通俗的诙谐、幽默的提炼和升华,意在引发某些共鸣,这种趣味化体现在各式各样的产品中,不局限于婴童相关产品。

以下通过对不同趣味的本质特征进行分析,把趣味化的类型进行如下划分。

①童趣。

儿童的独特性表现在其自由、天真、稚拙、天马行空,童趣就是从儿童的角度,用朴实、稚拙的手法表达主观的想象及情感,是人们对童年的留恋,对无忧无虑生活的向往。现代设计中出现的童趣现象,不仅反映了设计师的精神追求,更重要的是他们都渴望从儿童那里重新获得稚拙、纯朴、率真和清新的内在品质。如图 3-2-8 所示,这一系列充满童趣的儿童洗护用品包装设计,采用童趣幽默的设计手法记录父子生活中的美好瞬间和儿童成长的过程。图案是以爸爸和宝宝为中心的,"爸爸"在当代社会中的作用已经产生变化,而且变得更加包容和多方面,爸爸的柔情具备更多的影响和含义,整个绘画风格童趣而又充满爱意。又如图 3-2-9 所示,Woo-bi 是一款台灯,灵感来自儿童穿着雨衣、打着雨伞的形象,"Woo-bi"在韩语中表示雨衣。Woo-bi 台灯设计试图通过照明来表达儿童的纯真,并从雨伞和雨衣中寻求灵感,整个造型童趣十足,整个设计从成人视角重新看待和发现童趣。

图 3-2-8　童趣系列儿童洗护用品

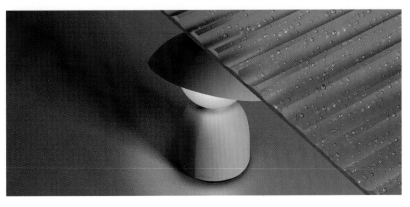

图 3-2-9　Woo-bi 儿童台灯设计

图 3-2-10　风趣幽默的婴儿安抚奶嘴设计

②谐趣。

谐趣意为谐谑、诙谐、滑稽的趣味，属于一种中国式的幽默。如果用现代美学的词语来表达，谐趣即因谐而生趣，是一种喜剧性的审美心理感受。谐趣可以带给婴童群体轻松、愉悦的氛围，引导积极乐观的性格和态度，创造一种开朗、豁达的人生境界。谐趣设计常以诙谐、轻松、幽默的方式逗人发笑。其最基本的要素是"轻松"，所以谐趣具有一种游戏性，并且有一定的消遣性。如图 3-2-10 所示的婴儿奶嘴设计，采用幽默诙谐的设计手法，从成人的视角采用夸张的手法进行设计，安抚婴儿的同时取悦成人，让焦头烂额照顾婴儿的父母能会心一笑，重获积极乐观的心态。

③奇趣。

奇趣在婴童用品中的表现还偏少，目前主要体现在加工方便的日常家居生活用品中，因为家长作为婴童用品的主要购买者，在新奇怪诞事物的接受上还偏于保守。但是，奇趣对学龄阶段的用户群体来说还是存在极大吸引力的。因此，奇趣类的产品一般出现在学龄阶段的用品中，增加这类产品的吸引力、新奇性和艺术化的气息。如图 3-2-11 所示的宝宝座驾设计就是一款奇趣化的儿童产品，充分利用儿童喜欢坐在爸爸肩上的特征，设计该辅助产品，利用儿童特殊的喜好进行奇趣化的表达。也有婴儿用奇趣产品。如图 3 2 12 所示，带宝宝外出聚餐，没有宝宝餐椅时，这款户外餐椅的设计就可很好地解决这一问题，利用户外桌椅的装饰坐垫进行多功能的设计，形成简易宝宝安全餐椅，将奇趣的表现手法运用得非常巧妙。

（2）趣味化设计方法的运用

趣味的内涵相当丰富。趣味是在外界多方面多角度的影响下产生的，是由内在要素和外在要素联合发力的结果。因此，不同的人对于趣味的理解也不一样，任何一种趣味都是独一无二的。另外，趣味具有差异性和变化性。年龄的增长、外界环境的多变、内涵的逐渐累积、物质的潜移默化等都会导致趣味的动态变化，因此趣味也是产品所处时代的一种文化特征。

婴童用品的趣味设计需要以婴童群体为本，关注不同年龄阶段婴童群体的情感需求，设计师不仅仅需要感受产品表面的趣味化，也需要从哲学的高度去加大婴童产品趣味化的深度以及广度，将其融入婴童用品的色彩、图案、造型、材料、功能以及产品故事中。婴童用品的趣味化设计需要使产品对婴童群体而言亲和友善，设计师在进行趣味化产品设计时，要注意趣味化的普遍性，不可以不切实际地强化私人的喜好。

图 3-2-11　奇趣宝宝固定座驾

图 3-2-12　奇趣宝宝户外餐椅

　　从婴童用品的设计元素来看,可以从以下几个方面对婴童用品进行趣味化设计。

　　①造型趣味化。

　　婴童群体对事物进行决断时,由于判断能力有限,往往依赖于自身直接的视觉感受,因此婴童用品的造型设计往往是设计时的重点。婴童用品的造型设计最终目的还是通过造型的趣味

化设计来吸引儿童的注意力,让婴童产品的实用功能增加,提升婴童使用产品的兴趣。

②色彩趣味化。

视觉是婴童发现和认识外在事物的主要路径之一。婴童群体大多喜欢鲜艳活泼的色彩,但他们的眼球视网膜发育不成熟,还处在生长阶段,所以产品色彩搭配显得尤为重要。设计配色时在考虑趣味化的同时还需要考虑使用时的环境、室内灯光等,使其相互协调,搭配出能抚慰儿童情绪的色彩。

在婴童用品设计中,应将色彩的趣味化通过产品这个载体进行体现,以适当的趣味化颜色来刺激促进儿童的心智发育。

③图案趣味化。

婴童用品中图案造型的趣味化一般是借助一些动植物造型来体现的。婴童群体对图案的敏感力仅次于造型,因此在图案上进行设计能很好地展现产品的趣味性,从实现的方式上来说,表达和展示也更为容易,表现方法更加多样化。

造型、色彩、图案的趣味化设计如图 3-2-13、图 3-2-14 所示。

图 3-2-13　造型、色彩、图案的趣味化设计 1

图 3-2-14　造型、色彩、图案的趣味化设计 2

④材质趣味化。

从婴童群体的生理特征来看,触觉是宝宝最早发展的能力之一,是大脑对外界反应的基础。人类皮薄毛少,对触觉刺激的分辨能力最为多元化,这也是人类大脑特有的分辨、分析及组织能力的基础。触觉是人体发展最早、最基本的感觉,也是人体分布最广、最复杂的感觉系统。触觉是新生宝宝认识世界的主要方式,多元的触觉探索,有助于促进其动作及认知发展。婴童用品的趣味化设计可以利用婴童群体的这一特点,在材质设计上进行创意。

婴童用品材质的趣味化设计主要表现在材料的选择和使用上。选择材质时应该综合考虑材质给人的触觉感受,利用材质触觉的对比来营造趣味化的感受。如图 3-2-15 所示的儿童抚触按摩洗澡刷,采用仿生刺猬形态和柔软毛刷的材质,利用儿童触觉感知的特征进行设计,既是一个洗澡刷,同时也是一个早教按摩抚触器。

⑤故事情景式趣味化。

故事情景式趣味化是指采用故事情景再现的形式进行趣味化的设计表达,针对婴童用品时,可以将一些具有深刻含义的故事附加在产品上,将产品以讲故事的方式表达出来,增加产品使用过程中的趣味性,寓教于乐的同时增加了产品的吸引力。如图 3-2-16 所示的儿童筷子设计,筷子头部造型分别是小鸟和树枝,小鸟和树枝的关联性增加了故事的连续性,通过形态上的正负形,由小鸟和树枝联想到了啄木鸟会啄树木、为树治病这一故事(常识),打破了一双筷子左右对称的特点,寓教于乐。

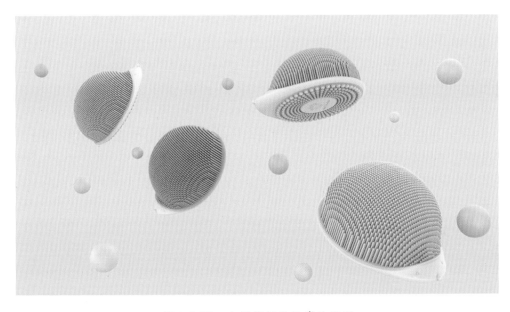

图 3-2-15　小刺猬抚触按摩洗澡刷

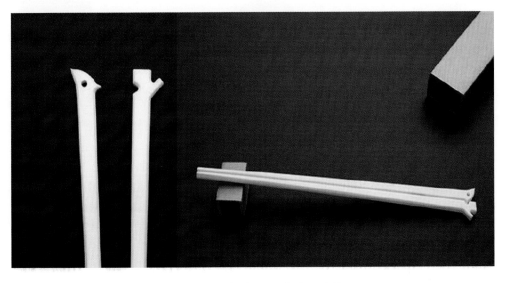

图 3-2-16　趣味化儿童筷子设计

婴
童
用
品
设
计

4.实践程序

以儿童趣味化饮水杯设计为例进行课题训练。

(1)理解课题

儿童用品市场越来越壮大,儿童产品设计也越来越受到用户的重视。儿童在喝水的过程中,常会使用到吸管杯。儿童在使用吸管杯时必然会遇到很多问题,解决这些问题对儿童自身的健康成长起着至关重要的作用。

儿童天生活泼好动,具有丰富的想象能力和敏锐的观察能力。爱玩是每个儿童的天性,他们无时无刻不想投入到玩耍中去,甚至在喝水的时候,他们还是停留在那些有趣的事物上。当前市面上,对不同年龄段儿童吸管杯的不同的重视程度不高,并且儿童吸管杯存在着很多痛点问题,如造型与功能、色彩都无法吸引儿童去喝水,没有真正地从用户需求的角度出发。研究并设计一款儿童吸管杯是有其独特意义的,对儿童的健康成长也具有重要的意义。

小组成员经过初步讨论后决定设计方向定位于幼儿水杯,年龄定位在1~3岁。

确定设计内容的工作包括:

①进行一系列的调研,从儿童吸管杯的形态、色彩、材质、安全性以及情感需求、行为习惯、喝水形式等角度出发,研究儿童吸管杯的趣味化表现方式。

②从趣味化的研究角度进行用户调研,了解当前市面上儿童吸管杯的人性化需求,总结不同类型儿童吸管杯的功能特点。

③研究幼儿喝水习惯,寻找吸管杯痛点。

(2)设计资讯收集与整理

①儿童吸管杯的结构调研。

通过市场调研可知,儿童吸管杯的开盖方式主要有旋转式开盖、上滑式开盖和按钮式开盖,如图3-2-17至图3-2-19所示。

图 3-2-17　旋转式开盖　　　　图 3-2-18　上滑式开盖　　　　图 3-2-19　按钮式开盖

旋转式开盖结构的吸管杯相对于其他两种开盖更复杂,需要旋转操作,在操作过程中会将吸管压住,对吸管材质要求高;上滑式开盖结构在使用时上盖容易松动,宝宝易打开,在外出时,放在包里也会出现因摩擦导致瓶盖滑开的情况;按钮式开盖结构的密封性好,瓶盖不会随意打开,不会出现漏水的情况,并且盖子可拆卸,方便清洗。

通过市场调研可知,儿童吸管杯的吸管结构主要有"一字孔"吸水嘴和"十字切口"吸水嘴,如图 3-2-20、图 3-2-21 所示。

图 3-2-20　"一字孔"吸水嘴　　图 3-2-21　"十字切口"吸水嘴

"一字孔"吸水嘴和"十字切口"吸水嘴都具有防呛设计,可以根据宝宝吸吮力度控制吸水量。"十字切口"吸水嘴还可使液体流速慢,具有防逆流设计,翻转喝水也不漏水。

儿童吸管杯结构调研图见图 3-2-22。

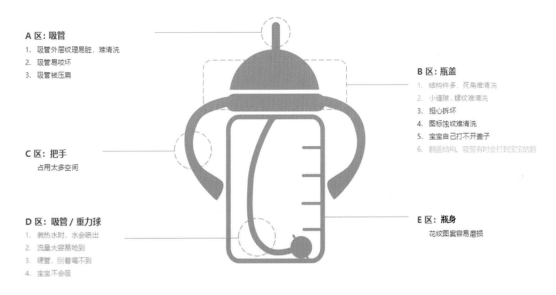

图 3-2-22　结构调研图

②儿童吸管杯的造型调研。

现有的儿童吸管杯有仿生化吸管杯、趣味化吸管杯和卡通化吸管杯。不同造型的儿童吸管杯丰富多彩、花样繁多,能够很好地体现出儿童吸管杯的特征。(见图 3-2-23 至图 3-2-25)

仿生化吸管杯是在仿生学的基础上发展起来的。仿生化设计是研究自然界生物系统中各异的形态、结构、色彩等特征,在对自然生物体,包括动物、植物、微生物等所具有的典型外部形态的认知的基础上寻求产品形式的突破及创新,将这些原则选择性地在设计过程和设计特点中应用。例如图 3-2-23 所示的吸管杯在造型特点上采用了动物头部的造型,由公鸡的头和仿人形态的身体组成。但这种将动物造型应用到儿童吸管杯中的设计已经数不胜数,造型的新意明显不足。

图 3-2-23　仿生化吸管杯

图 3-2-24　趣味化吸管杯

图 3-2-25　卡通化吸管杯

趣味化吸管杯可以让儿童开发创造力和想象力,增加喝水的趣味性与乐趣点,在与儿童的互动中让儿童享受乐趣,从而达到情趣化设计在儿童吸管杯中的最深层次的目标。例如图 3-2-24 所示的吸管杯在造型设计上采用放大把手的设计手法,使把手看起来圆润可爱,并且能让儿童在喝水中感受拿握时带来的乐趣。但该设计中把手向上,上盖不容易清洗,并且放在包包里易漏水,使用不方便。

卡通化吸管杯设计是将活泼可爱的卡通形象、动漫人物等元素在吸管杯中运用,通过造型去吸引儿童眼球。例如图 3-2-25 运用小黄人的 IP 元素,将杯盖部分改为小黄人的头部,辨识度高,能够吸引儿童的注意。

③儿童吸管杯的材质调研。

儿童吸管杯瓶身材质分为三类:PP 材质、PES 材质和 Tritan(共聚聚酯)材质。

PP 材质是最常见的杯子材料。它是非常安全的,无双酚 A,但瓶身常是棕色或黄色的,不容易看清楚杯中水的情况。

PES 材质:轻薄耐用,易于清洗和耐热,但是价格更贵,人们可能更愿意选择物美价廉的产品。

Tritan(共聚聚酯)材质:具有透光率高、质地坚韧、耐高温等特点,安全无毒,通透且轻便,在使用过程中不易摔碎。

④儿童吸管杯的使用人群调研。

使用人群:6 个月到 10 岁的孩子们可以用吸管杯。调研中得出,儿童使用吸管杯喝水,可以更好地训练喝水习惯,对儿童的生长发育也很有帮助。婴幼儿的生理及发育特点:a. 6～12 个月的婴儿体重开始增加,肌肉生长,活动范围增大,逐渐学会爬行。手指变灵活,手与眼动作逐渐协调,这时的宝宝有一定的抓握能力,可以使用吸管杯喝水。b. 1 岁到 3 岁之间的儿童处于身体发育的重要阶段,身体和智力逐渐成熟,运动能力增强。爱玩、爱动、爱模仿、爱游戏是 1～3 岁幼儿的天性,此阶段也正是培养行为习惯最重要的阶段。

购买对象为年轻妈妈和儿童。设计团队通过电话询问了 30 位年轻妈妈,记录了在使用儿童吸管杯时所遇到的痛点问题。经过调研得出的结论是,成年人在选择儿童产品时会以安全为主,以材质和造型为辅;儿童对儿童产品在设计中的需求是以安全性、趣味性以及色彩愉悦性为起点的。

痛点分析（1）

家长与宝宝对水杯的功能需求

- 杯子重
- 杯子清洗问题
- 总体更换周期较长
- 孩子没有意识主动喝水
- 杯身容易磨损*(宝宝不小心摔跤、杯子被妈妈装在包里与钥匙摩擦)
- 水杯在身边的时间长
- 缺乏**寓教于乐**的学习方式
- 喜新厌旧、依赖是孩子的明显特征
- 家长是最终购买者

家长 (购买者)	孩子 (使用者)
安全性	可玩性
质轻便携	个性
易清洗	操作简单
抗摔耐磨	
使用简单	
引导饮水	

图 3-2-26　调研总结图

⑤儿童吸管杯的使用环境调研。

儿童吸管杯使用环境一般为室内环境和外出环境。

室内环境:对于 12 个月之后的宝宝,因其会想要抓握东西,对周围生活环境保持着好奇心。带手柄的吸管杯较常用,它可以帮助宝宝抓握,培养自主喝水的能力,也有锻炼抓握能力的功能。

外出环境:随着宝宝的长大,外出活动不断增多。为方便宝宝在外饮水,吸管杯属于出门必备品,需要注意杯子本身的防漏性,最好可安装可伸缩背带,方便携带。

调研总结图见图 3-2-26。

（3）个人发想＋小组讨论

小组成员在收集和整理调研资料的基础上,总结出儿童吸管杯的发展趋势为:安全性高、互动功能增多和形态趣味化。因此,在设计儿童吸管杯时要考虑到安全性、趣味性和使用过程中与孩子及家长的交互性。

小组成员讨论后确定如下的设计定位:

人群定位:1～3 岁儿童。1～3 岁儿童的语言能力、智力等方面正变得越来越完善,发育也逐渐成熟;运动能力也在增强,可进行坐、爬、站、走、跑、跳等运动。这一阶段是幼儿培养行为习惯最重要的阶段。

造型定位:基于趣味化进行儿童吸管杯设计,整体造型圆润、可爱,瓶盖上增加火焰、耳朵等硅胶造型,可以让孩子当作把手更好开启,并且打开喝水时,装饰的小图案可移动,让孩子在喝水中体验乐趣。把手设计运用人站立时的动作,看起来 Q 萌可爱,增加趣味性。

材质定位:采用 Tritan 材质。它的性能综合而言优于 PP 材质与 PES 材质。Tritan 材质已被批准并应用于医疗领域,是不含双酚 A 的安全材料,且能使瓶身看起来通透轻便。

使用环境定位:室内环境使用。大多数 1～3 岁的宝宝在室内的时间远远多于室外。

色彩定位:在颜色使用上选择一些偏暖色调的颜色,比如红色、黄色、橙色等,增加孩子的自信心,使孩子变得活跃好动一些。

根据设计定位,在设计方案进展过程中,围绕趣味化的形态和互动性两方面,小组成员在儿童吸管杯的形态上具有不同的设计想法,设计创意如下:

造型与卡通可爱元素相结合,进行各种形态尝试,使抓握方式符合人机工程学,瓶盖硅胶容

59

第 3 章　婴童用品设计与实训

易抓握而利于开启,丝印图案可爱等,然后继续深化造型。设计构思草图如图 3-2-27 所示。

设计创意 1:

以小猫钓鱼的儿童故事增加水杯的趣味性和饮水过程中的互动性。水杯杯盖部分采用可爱猫的形态,吸管底部重力球采用鱼的形态,也表达"小鱼在水中游"的趣味性。(见图 3-2-28)

婴童用品设计

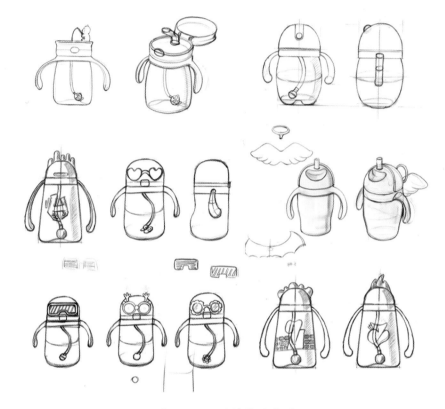

图 3-2-27　设计构思草图

图 3-2-28　草图方案 1

设计创意 2：

采用数码动画中的小怪兽形态为原型进行形态趣味化的设计，结合杯身的图案体现水杯的时尚潮流的特征。（见图 3-2-29）

设计创意 3：

以小天使和小恶魔的形态作为元素，进行形态的设计，结合男童和女童的特征进行系列水杯的设计。（见图 3-2-30）

图 3-2-29 草图方案 2

图 3-2-30 草图方案 3

设计创意4：

提取动漫元素小黄人的特征进行创意,体现水杯形态的拟人化特征,增加水杯形态的亲和力。(见图3-2-31)

设计创意5：

以小朋友非常喜欢的独眼怪为原型进行形态设计,同时结合水杯的结构进行功能的设计。(见图3-2-32)

图 3-2-31　草图方案4

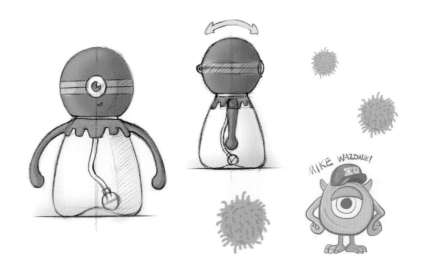

图 3-2-32　草图方案5

老师点评：

五种设计创意都抓住了趣味化形态的设计特点,分别以趣味故事、趣味卡通形态两种方式实现,结合水杯的结构特点进行设计,形态具有创新性,但形态设计的同时对于产品生产工艺的考虑不够,建议结合生产工艺和成本综合考虑设计方案。

小组设计论证：

最终方案确认为草图方案2的整体造型与草图方案1的重力球造型结合。设计造型为带硅胶的长柄吸管杯,将顶部设计为可爱软质硅胶造型,可爱造型拉近与孩子的距离。重力球设计为小鱼造型,让孩子在喝水的同时,体会到一种"小鱼在水中游"的氛围,增加喝水时的趣味性与互动性。另外,从生产工艺的角度看,杯盖部分的卡通造型不仅更容易实现还能节约成本。(见图3-2-33)

图 3-2-33　最终草图方案

(4)设计展开

设计展开如图3-2-34所示。

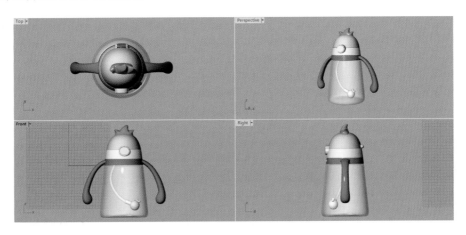

图 3-2-34　3D建模过程

瓶身采用 Tritan 材质,顶部造型采用硅胶本色注塑,按键部分与字体部分采用亮雾面区分材质。吸管部分为透明软管,重力球采用塑料本色注塑,达到亮面效果。手柄处采用塑料本色注塑并且喷涂橡胶漆,优化抓握时的手感。

瓶身丝印设计且重力球为小鱼造型,让孩子在喝水的同时,体会到一种"小鱼在水中游"的氛围,增加喝水时的趣味性与互动性。(见图3-2-35至图3-2-40)

(5)设计完成(设计排版、设计报告)

设计者:聂菲一(武昌理工学院)。

指导老师:余春林。

设计说明:此款儿童吸管杯基于儿童趣味性原则设计,整体造型圆润、可爱,瓶盖上增添硅胶造型,可让孩子当作手柄更好开启杯盖,并且在孩子打开喝水时,还可当作装饰的小图案,提升家长与孩子的互动性,使其充满趣味。手柄造型圆润有趣,抓握符合儿童人机工程学要求。重力球设计为小鱼造型,与丝印图案相呼应,营造"小鱼在水中游"的氛围,增加喝水时的互动性,让孩子享受喝水的乐趣,从而培养自主喝水的能力。

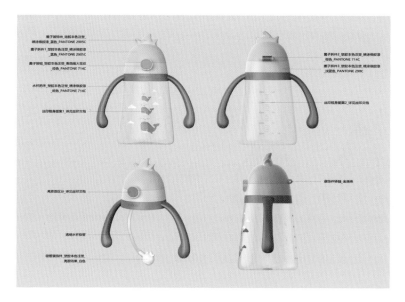

图 3-2-35　工艺文件图

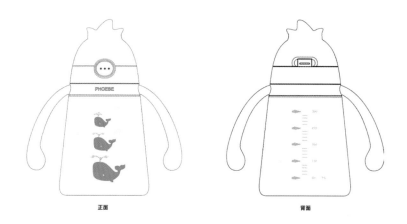

正面　　　　　　　　　　　背面

图 3-2-36　丝印文件图

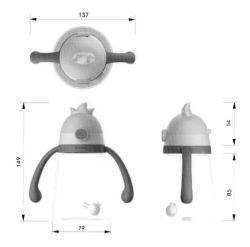

图 3-2-37　尺寸图(单位:mm)

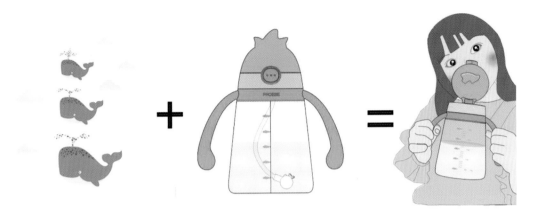

图 3-2-38　效果图

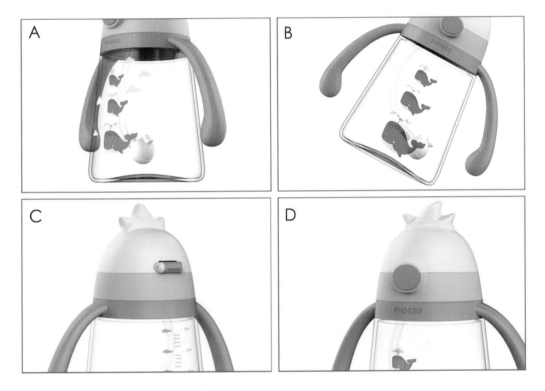

图 3-2-39　细节图

图 3-2-40　产品配色图

排版展示见图 3-2-41。

Cute bottle
——趣味化儿童吸管杯设计

Problem ☹

当前市面上，对于不同年龄段儿童吸管杯的重视程度不高，并且儿童吸管杯存在很多痛点问题，其造型与功能和色彩都无法吸引儿童喝水，没有真正地从儿童趣味化角度出发。儿童不爱喝水的问题，成为妈妈们的烦恼。

Solution ☺

Cute bottle 儿童吸管杯基于儿童趣味性设计原则，整体造型圆润、可爱。瓶盖上增加硅胶造型当作手柄更好开启。打开喝水时，可当作装饰的小图案，提升家长与孩子的互动性。手柄造型圆润有趣，抓握符合儿童人机工程学要求。重力球设计为小鱼造型，与丝印图案相呼应，营造小鱼在水中游的氛围，让孩子在喝水中体会乐趣。

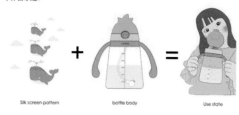

Silk screen pattern + bottle body = Use state

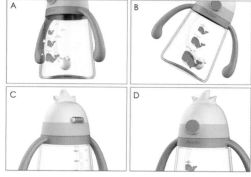

细节展示 /Detail Show

A 重力球设计为小鱼造型，提升喝水时的乐趣。
B 手柄造型 Q 萌有趣，抓握符合人机工程学要求。
C 简单大方的转轴设计，无尖角，使用安全。
D 按键部分与字体部分采用亮雾面材质区分，提高质感。

尺寸图 /Three views

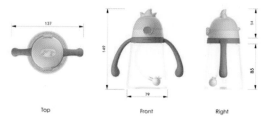

Top Front Right

图 3-2-41 排版展示

第三节 实训项目三：住——家居用品设计

1.课程概况

（1）课程内容

婴童用品，从"住"的方向来说，设计范畴主要包括与婴童居住、睡眠相关的家居产品，其中家具占主导地位。

近年来，婴童家具产品在家具市场中占比越来越大，受到家庭和设计师们的重视。造型、材料以及色彩等设计元素作为婴童家具的重要设计内容，会影响儿童使用家具的体验以及生理和心理的发展。婴童家具设计师只有综合考虑造型、材料以及色彩等，使之与婴童生理与心理特征相适应，才能设计出满足婴童多方面需求的家具；与此同时要注意加强人类工效学在儿童家具上的应用和研究。

参考选题：成长儿童椅设计、婴儿床创意设计、智能睡眠监护仪设计。

（2）训练目的

根据婴童群体生活特点，采用观察和调研的形式寻找婴童生活相关产品的设计痛点；

运用情感化、仿生化、情趣化等设计手法对婴童相关家居生活用品进行创新设计；

培养爱心，关注弱势群体，树立正确的价值观。

（3）重点和难点

重点：对婴童生活家居用品的设计范畴有全面的认知，能根据婴童群体的生活作息挖掘家居用品的设计点，寻找适合的设计方法。

难点：运用情感化、仿生化、趣味化等设计手法找到有价值的设计创意方向。

（4）作业要求

本训练要求：从婴童家居用品的范畴进行选题；完成前期的用户调研和产品调研部分，包括用户调研报告的收集和分析；完成后期的设计创意部分，包括草图绘制、设计展开、设计排版等。

要求提交以下设计成果：

设计报告书一份（PPT 格式），内容包含：设计背景分析，设计调研，相关产品调研（同类产品案例调研，技术调研等内容）；市场调研（用户调研等内容）；调研结构分析；确定设计目标，明确设计定位，进行设计方案的可行性分析。

设计展板一套，内容包含：构思草图、设计方案草图、最终设计方案、设计说明、情景使用图、三视图，设计三维表达。尺寸：A3。DPI：150。2～3 版，竖版。要求逻辑清晰，重点突出，版式美观。

2.设计案例

(1)具有代表性的大师级设计作品

案例 1：CreaChair

设计团队:Oblikus。

设计说明:

这是一系列的儿童凳设计,整体造型采用巧妙的生物形态,包括非具象和具象的动物形态,儿童可以根据自己的喜好 DIY 不同的生物造型。该设计鼓励引导孩子们参与设计过程。这款凳子由椅面、椅腿和装饰组成,购买时,孩子和父母不仅可以挑选形状和颜色,还可以挑选腿、眼睛、牙齿等,拼合成带有个性的座凳,通过多种材料选项和表现力选项,孩子们可以获得模糊、毛茸茸、可怕、愚蠢等带有某种形象特征的小怪兽、长颈鹿、青蛙、斑马等,形式多样,让儿童的创意源源不断。(见图 3-3-1 至图 3-3-3)

婴童用品设计

图 3-3-1　CreaChair 1

图 3-3-2　CreaChair 2

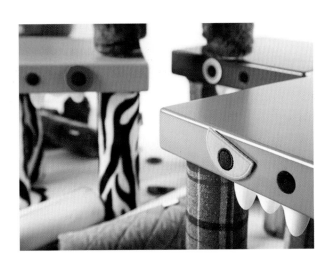

图 3-3-3　CreaChair 3

 设计点评：

这款儿童凳的设计从色彩和造型上就能吸引儿童的目光。由于儿童家具趣味性的要求，模块化设计手法在儿童家具设计中运用较多，被越来越多的设计师采纳。这款儿童凳的装饰部分采用了模块化的方式，实现不同材质、色彩、形态的相互组合，营造带有个性的造型风格，与儿童性格多样的群体特征相吻合，无论从美学角度还是实用角度都有其独特的设计价值。

设计分析：

人群定位：学龄前儿童。

本设计采用模块化的设计手法，从视觉、触觉两个方面进行形态的设计，抓住儿童喜欢自己动手的心理特性来吸引儿童。

案例 2：Lümin（夜灯保姆）

设计团队：Robin Spicer & DCA Design。

设计说明：

夜灯和婴儿监视器几乎是父母和小孩的必备品。Lümin 将两者结合成一个混合单元，旨在与婴儿一起成长。Lümin 可通过移动应用程序控制，内部带有一个高清摄像头，家长可以远程控制。摄像头采用广角镜头，可通过可调节变焦功能拍摄整个房间的照片并提供应用程序的实时反馈，摄像头视图可以由用户远程控制。

当作看护夜灯使用时，灯塔造型的夜灯可安装在岩石形状的充电底座上。Lümin 也可以从"岩石"上移走，在家里的任何地方使用。如果检测到声音或动作，Lümin 会通过应用程序及时反馈噪声的严重程度，然后激活相机，调整夜深亮度观察宝宝的情况，父母可以通过手机端听或者和宝宝通话。（见图 3-3-4）

整个设计采用灯塔的造型寓意照亮黑夜，驱散夜晚的恐惧。

Lümin 的广角镜头（见图 3-3-5）能把房间情况都拍下来，在运行中可根据应用程序的信号旋转广角镜头，捕获最佳的视图。Lümin 能在夜晚的微光下工作，并带有红外夜视功能。如果"灯塔"被从"码头"移除，自动对齐功能会使摄像头旋转回第一次安装的视角，避免监护时的盲

图 3-3-4　Lümin 的手提夜灯功能

图 3-3-5　Lümin 的广角镜头

区。扭转摄像头项圈对齐两个点,就可以激活"灯塔",蓝色指示灯提示可以给用户反馈。

把"灯塔"停靠在岩石形状的底座上就可以为"灯塔"充电。接触式充电模式允许数据在设备之间传输,底座包括内置的扬声器和麦克风,其数据通过 Wi-Fi 传输到平台。Lümin 具有夜视照相机功能。"灯塔"一直是一个标志,具有提醒和引导的功能。(见图 3-3-6)

Lümin 具有追踪睡眠模式,随着时间的推移,它会建立一本关于所监护宝宝睡眠模式的日志,以便家长能够监控宝宝下一次小睡的时间。(见图 3-3-7)

 设计点评:

该设计较好地运用了产品形态语意的传达功能,灯塔一直是警示和引导的象征,Lümin 已经将烦琐的显示器和夜灯改造成一个由移动应用程序控制的简单设计,从儿童怕黑的心理特性出发,结合父母夜间看护的需求,利用应用程序集合了监护仪和夜灯的功能,创新性和实用性较强。

图 3-3-6　Lümin 的夜视照相机功能

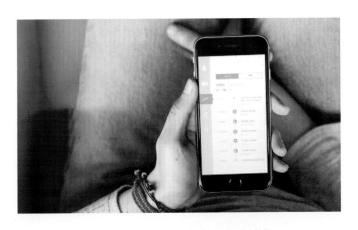

图 3-3-7　Lümin 的追踪睡眠模式

设计分析：

人群定位——学龄前与学龄期儿童。

造型定位——灯塔形态寓意守护。

实现什么功能——看护及陪伴。

如何实施——监护仪与灯结合。

(2)具有代表性的学生创意作品

案例 1：Extensible Water Tap

所获奖项：2017 年红点概念设计奖。

团队成员：马菲、黄丽娅、范佳林、郑丽兰(武昌理工学院)。

指导老师：熊伟。

设计说明：

"Extensible Water Tap"是一款适合儿童与成人共用的水龙头设计。有些孩子在洗手时，因手

臂太短而无法触碰到水流，"Extensible Water Tap"通过简单的结构改变，旋转出水口，来改变水流的方向，从而解决这个问题。出水口垂直向下时，适用于成人；出水口向上旋转，倾斜于地面时，则适用于儿童。当出水口处于这两种状态时，可通过感应出水。（见图 3-3-8、图 3-3-9）

婴童用品设计

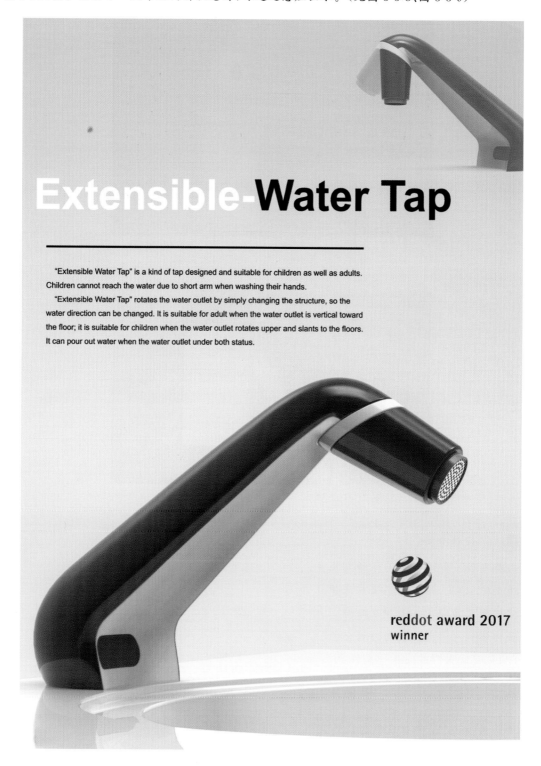

图 3-3-8　Extensible Water Tap 1

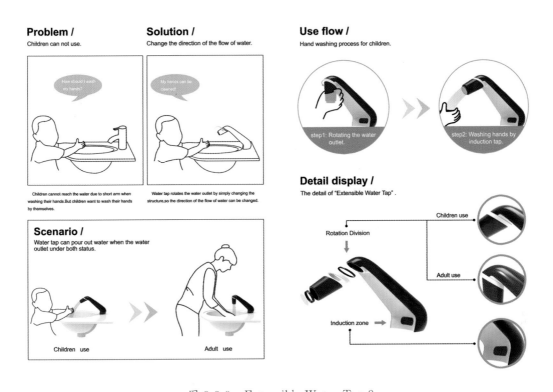

图 3-3-9　Extensible Water Tap 2

案例 2：河马小凳

设计者：王家宝（武昌理工学院）。

指导老师：余春林。

设计说明：

这是一款儿童仿生趣味座椅设计，采用河马原型进行设计，将河马的头尾提取出来与板凳结合起来。"河马小凳"不仅可以变成动物玩偶，头部还可以取下当作独立的玩具，儿童可与父母进行互动，趣味十足。（见图 3-3-10）

3. 知识点

（1）婴童用品造型的形态语意

产品语意主要是对产品造型在使用情境中的象征特性进行系统性研究，结合设计元素并运用在特定造型属性上的内涵。产品语意从人机工程学的领域进行扩展，深入到人的心理和精神层面。传统的儿童产品往往以卡通形象造型借鉴或者视觉形象附加的方法来设计，而对形态的深层次意义考虑不够。从符号学的原理来看，设计师需要将信息和产品的文化价值更好地传递给儿童，就需要遵循合理的语意传达规则，这样才能让儿童快速准确接收到发信人的符号信息，更好地理解和使用产品。因此，对儿童产品进行语意分析是解决现有儿童产品设计问题的重要方式。

（2）形态语意的三个类型

结合儿童的认知行为与审美特征，产品符号系统的形态语意可按功能语意、指示语意以及象征语意进行分类。

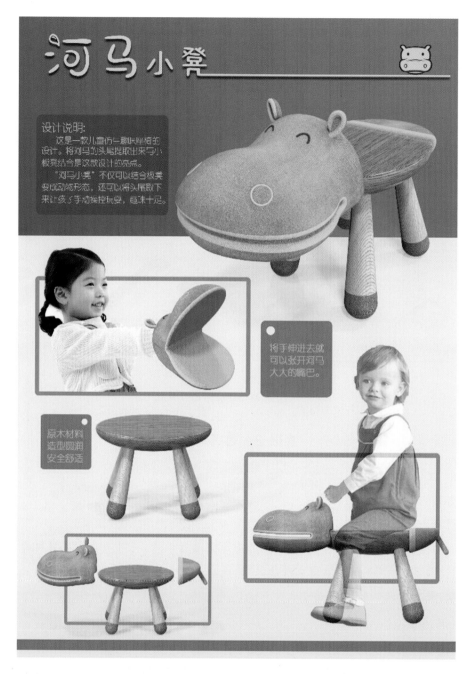

图 3-3-10　河马小凳

①功能语意:婴童产品形态特征在功能角度上所承载的意义,它能很直观地告诉使用者"这是什么""功能是什么",也就是说,是从婴童产品功能角度去理解产品的形态符号。婴童是感官体验特别敏感的群体,婴童对产品的第一反应停留在最直接的感官体验中,婴童产品造型的尺度、形状、比例及彼此之间的构成关系创设出一定的产品氛围,直接刺激婴童的感知系统,促使婴童与产品之间形成一种生理、心理上的和谐或非和谐关系。

②指示语意。皮尔士说:"指示符号是在物理上与对象联系,构成有机的一对。"在指示系统中,产品符号表示各种秩序关系,如因果、邻接、部分与整体等。面对婴童产品中形形色色的指示符号,解释者通过观察其造型、色彩及材料等因素,分析系统中的各种关系,可以总结出不同

按键之间的关联性和差异性,识别操作过程中的先后顺序或主次关系,进而最终确定所有的指示意义。

③象征语意。产品语言中符号关注的是产品"表现什么",比如它是什么、有什么用、如何使用,是意指其他事物。而婴童产品的形式特征所要传达的信息则是自己要"如何表现",是意指自己所要营造的氛围、情趣、风格。

(3)形态语意在婴童用品设计中的应用

婴童产品设计可以理解为,以形态、色彩、材料等造型要素,向婴童群体传达文化价值的设计意图。婴童产品设计实质上可以分为三个层次,即造型、赋义、传达。这三个层次与莫里斯符号体系中语构学、语义学和语用学的内容相吻合。婴童用品设计过程就是创造符号的过程,即婴童用品造型设计符号化的过程。把符号学理论引入婴童产品设计中,可把产品的造型理解为一种符号,这种符号的设计编码成功与否,关系到婴童用品文化价值的传达。

造型语意:婴童产品最基本的外观就是造型,造型语意主要通过产品的形状、尺寸、比例等设计要素传达,使购买者对产品产生情感共鸣,同时塑造良好的用户体验。在婴童产品造型设计的过程中,需要考虑的是让造型传递出的安全性、舒适性的语意。婴童用品设计不能单纯地从卡通动画当中借鉴形态造型或者是将现实生活中的具体产品形态进行等比例缩小,应该对产品形态符号的心理联想、心理特征、规律进行分析与解析。

色彩语意:色彩是任何一款婴童产品中最直观的元素,可以影响婴童群体的心境、情感等。婴童的世界是五彩斑斓的,他们对色彩有着独特的感受,美好的色彩总是能带给他们积极的情绪。运用恰当的色彩,可以快速地向婴童群体传递产品的信息。设计师要掌握色彩联想及色彩带给人们的心理感受,从婴童用品的使用环境出发,处理好色彩与形象的塑造及色彩与内容、气氛、情感等表现的关系,就能使色彩的视觉作用及心理影响较充分地发挥出来。

材质语意:在材质分析的过程中,视觉质感是触觉质感的综合和补充。对于婴童已经熟悉的材料,可根据以往的触觉经验通过视觉印象判断该材料的材质,从而形成材料的视觉质感。设计师要考虑到儿童通过生活经验以及环境对于材料的质感所能产生的联想,通过对不同肌理、质地的材料进行组合,丰富婴童用品的造型语言,做到材料质感与产品功能表现相统一。

4. 实践程序

以聚焦产品形态语意的婴童家具设计为例进行课题训练。

(1)理解课题

本次训练以家具的形态语意研究为主题,进行设计创意,主题聚焦家具产品形态语意的表达,学生基于产品形态语意表达的知识点进行设计点的挖掘,有足够的创意空间,但需要注意语意表达的层次和深度。要求关注不同婴童群体的特点,注重家具形态、色彩、材质的语意传达,并关注婴童中的弱势群体。

小组成员共4人,男生3人、女生1人。经过个人前期的发想和小组集体讨论,小组选择了针对盲童(或低视力患者)的自主收纳问题进行设计创意。

确定设计内容的工作包括:

①进行一系列的调研,了解分析现有市场上的儿童收纳家具及其周边产品,总结儿童家具的功能特点,发现市场的空缺点和需求点;

②进行用户分析、调研,分析不同类型儿童的需求,寻找产品语意表达的内容和表达方式。

(2)设计资讯收集与整理

小组成员分工合作对设计相关的若干方面进行了资讯收集和调研。这个阶段需要集中讨论确定工作内容,并明确分工。在整个设计资讯收集与整理过程中,小组成员保持线上交流,利用网络平台将信息实时共享。

①盲童(或低视力患者)群体调研。

我国每年会出现新盲人大约45万人,低视力患者135万人,即约每分钟就会出现1个盲人、3个低视力患者。如果不采取有力措施,我国视力残疾人数将持续增加。1987年全国残疾人抽样调查结果表明:14岁以下儿童盲的患病率是0.42‰,即在1万名儿童中约有4个盲童,这个数值比经济水平较高的发达国家或地区高。从全世界情况来看,发达国家或地区儿童盲的患病率平均为0.3‰,即在1万名儿童中有3个盲童。而在经济水平较低的国家或地区,儿童盲的患病率平均为1.2‰,即在1万名儿童中有12个盲童,约为我国的3倍。据估算,全世界约有盲童140万人,其中75%生活在发展中国家,即105万人。产生盲童的原因:眼外伤、角膜软化症、早产儿视网膜病变、先天性白内障、先天性青光眼、视网膜母细胞瘤等。

盲童在很小的时候就需要学习如何独立生活,他们要学习如何按照自己的生活习惯去整理自己的物品,只有这样才不会找不到自己的物品。在前期,家长会在旁边辅助孩子。而最麻烦的一件事情就是衣物的收纳整理。我们视力正常的普通人在整理衣物的时候就需要很长的时间,需对不同的衣物进行收纳,对于盲童来说更加困难,因为上衣、裤子、袜子这些生活物品种类众多,需要慢慢整理,而折叠好的衣物需要分门别类,这就需要盲童依靠触摸和自己的记忆力来区别细分衣物的摆放位置,这是一件对他们来说需要很长的时间去学习的事情。

②盲童(或低视力患者)学习活动的一般准则及注意事项。

玩耍是孩子了解世界的重要途径,如果玩的东西是孩子感兴趣的,他会非常地投入。所以,当你的孩子对一件物品、一个人或者一项活动表现出兴趣的时候,让他发挥玩耍的天性、让孩子成为活动的主导可以帮助他学习新的技能。让孩子成为活动的主角能帮助他意识到他的选择是重要的,他对周围发生的事情是具有一定的控制力的。但这并不意味着所有的事情都是无计划的,你必须想好孩子需要学习的是哪些技能,以及什么样的活动和使用什么样的东西能够帮助他学习这些技能,有时还需要思考如何让他在玩的过程中学得更多。盲童学习活动的注意事项如下:

根据孩子的需要改变活动内容:孩子可以通过不同的方法学习某种技能。家长可以对训练活动进行修改以更好地适应孩子、家庭和社区的需要。当和孩子一起在做练习的时候,家长要善于发现哪些方法是他感兴趣、可以用来激励他做某些事情的,而哪些方法是会让他觉得不安从而抗拒做某些事情的。可以利用现有资源对练习进行改变。要对活动进行改变,让它在日常生活中具有可操作性。首先,家长自己要亲身体验一下练习活动,在教孩子之前,可以自己体验一下每个活动,思考其中的每个步骤。这有助于找到教授孩子的最好的方法。

在孩子身后进行:给孩子演示一项新的技能时,比如教他如何自己吃饭、穿衣,如果你在他的身后做动作,他理解得会更快些。有时候,你把你的手放在他的手上带着他做,效果会很好,但你要先征得他的同意。

保持一致性:在教同一种技能时尽量每次都用同一种方法,使用同样的语言,采取相同的步骤。此外,因为孩子的注意力不能在某一个活动上停留很长时间,所以你可能还要做很多其他的事,但是针对某一种技能的教授方法和使用的语言尽量不要有变化。使用相同的话语或者做相同的动作来开始和结束活动,对孩子理解各个活动之间的转换也是非常有帮助的。

给孩子足够的时间:有视力障碍的儿童做事是比较慢的,至少刚开始是这样。他需要花时间来考虑你需要他做什么以及他该如何反应。所以,家长要给孩子足够的时间让他把事情完成。

让孩子知道他做得怎样:有视力障碍的孩子不知道他自己做事的状况,所以你要随时告诉他进展情况;否则,他会因为看不见自己做事的结果而感到泄气。当他做得不错的时候你一定要让他知道,孩子都是需要表扬的。

让孩子知道周围发生的事情:视力正常的孩子能看见周围发生了什么,比如他知道谁在屋里、谁在说话、其他人在干什么、声音是从哪里来的,但是盲童只能利用视觉之外的感觉来了解这些信息,你可以通过跟他描述正在发生的事情让他知道周围的状况。(见图3-3-11、图3-3-12)

图 3-3-11　盲童日常生活 1

图 3-3-12　盲童日常生活 2

记住孩子是如何学习的:对于每一项新技能,孩子都是按照一定的步骤和顺序来学习的。首先,他在你的帮助下学习。然后,他会记住自己应该如何独立做这件事。最后,他在新的环境下练习使用这个技能。在教孩子的过程中,家长应试着记住以上三个步骤。还要记住,完全掌握一项新的技能需要孩子不断地重复练习。

鼓励孩子独立:想帮助孩子做事是很自然的,但是如果你帮助过度的话,他就不会有机会了解事情是怎样做的了。当孩子的玩具掉了,你可能很想把玩具捡起来给他,但是如果你帮助他自己找到玩具并捡起来的话,他就能学到更多。

好好利用孩子的现有视力:如果孩子还能看见一点点的话,试着做一些练习来利用他现有的视力。

③盲童(或低视力患者)生活环境调研。

盲童(或低视力患者)生活的室内环境布置应该以整洁清爽、方便生活为原则,注意色调、通风和隔音等相关因素。

家具的放置以方便使用为原则,尽量选择不宜破碎、不宜碰撞的家具。若空间太大,可以利用家具作为适当分隔,构成能产生回声定位及触觉回应效果的布局,以利定向行动。

室内摆设以简朴好用为原则,避免悬空太低的家具或物件(如吊灯、吊兰等)。

低视力患者宜少接触和使用电脑、手机等电子设备。室内使用电脑时宜戴蓝光防护眼镜抵御蓝光伤害,室外阳光下宜戴全包式防护眼镜,抵御蓝光、紫外线和眩光对眼睛的伤害。

选用有大型电话键的电话,以便于正确按键。也可以选用大型闹钟,钟面上的数字及刻度也要较一般更大,便于低视力患者查看。

日常用品应分类固定位置,可以按类型分组或者按是否经常使用分组,已损坏的物品应该丢弃或处理。不常用物品放在不容易接近的地方。

墙角宜为圆角,桌子宜选用圆角及木质材料,并容易被低视力患者看到。墙壁、可移动家具及所有门、地板等的颜色对比度足够大。

地面保持平整,否则会使盲童易被绊倒。室内光线要充足,过道、走廊等灯光宜常开,以便患者认识查看周围环境。

④相关产品调研。

收纳型婴童用品已开始成为婴童产品设计发展的一大趋势。当前婴童用品市场上有很多收纳功能型家具(见图3-3-13、图3-3-14),收纳型产品可让儿童在玩的过程中自然而然地意识到"收纳"这个动作,是培养儿童良好行为习惯的有效辅助。儿童小时候收纳物品的好习惯会随着时间的演变逐渐延伸,形成更多生活中的好习惯,进而会对儿童的未来有很大帮助。要想让孩子们在生活中自然而然地养成收纳的良好习惯,就要把收纳这一功能与日常生活用品结合在一起,这样才会激发起孩子潜意识里的动手意识,让孩子慢慢懂得自己的行为就是"收纳",从而养成收纳这个好习惯。

(3)个人发想+分组讨论

在收集与整理设计资讯的基础上完成个人发想,提出设计创意。

关于调研构思,第一要素就是触觉,即通过触摸来感受一些事物,比如对衣物进行一个模块化、近似抽象化的设计,让盲童可以通过触摸第一时间察觉到这是什么衣服,并通过长时间触摸、感受熟悉这些衣物。

图 3-3-13　收纳家具 1　　　　　　　　　　图 3-3-14　收纳家具 2

关于盲童的学习活动,设计应能让他们学会独立自主,并且具有积极性。

设计者计划利用模块化设计,辅助盲童进行学习记忆以及培养生活习惯。

家具的设计细节处理应该以圆润化为主,防止盲童磕碰受伤。

主要使用人群是盲童,设计目的是:通过模块化的设计,帮助他们快速地进行衣物的收纳整理。

设计创意方案见图 3-3-15 至图 3-3-17。

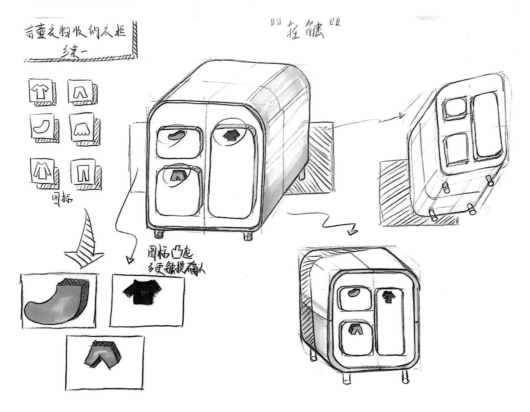

图 3-3-15　设计方案草图 1

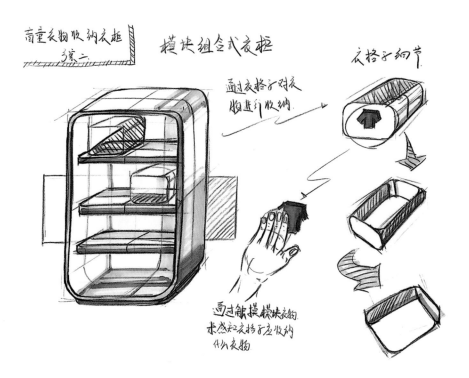

图 3-3-16　设计方案草图 2

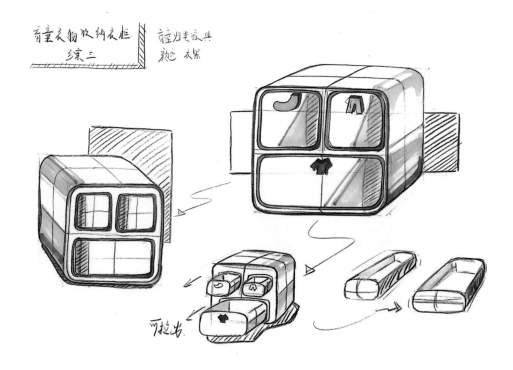

图 3-3-17　设计方案草图 3

老师点评：

设计创意方案 1 需要考虑：附加座板结构、材料、儿童的体重三者的综合因素；附加座板翻折或旋转操作的便利性;是否遮挡家长的观察视线。设计创意方案 2 需要考虑:在成人和儿童使用模式间进行切换操作的便利性。设计创意方案 3 需要考虑:衣物收纳的逻辑关系,通常衣服收纳在上面,裤子收纳在下面。

小组设计论证:

经过讨论,小组成员采用设计方案 1,将裤子这类每天都需要更换并且使用频率高的物品,放在容易触摸和寻找的柜子上部,同时考虑衣物的自然逻辑关系(上衣在上部,裤子在下部)。

(4)设计展开

设计展开详见图 3-3-18 至图 3-3-22。

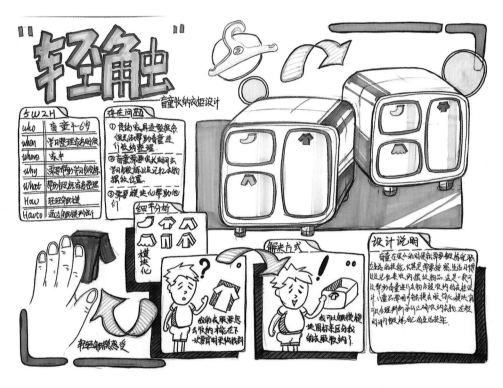

图 3-3-18　设计草图

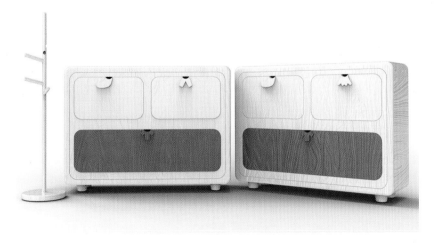

图 3-3-19　整体效果图

图 3-3-20　效果图 1　　　　　　图 3-3-21　效果图 2

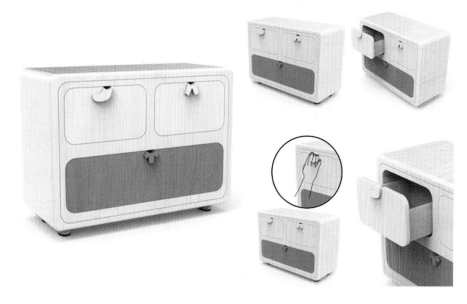

图 3-3-22　效果图 3

(5)设计完成(设计排版、设计报告)

所获奖项:2021 年首届中国"文器奖"文创设计大赛银奖。

团队成员:陈颢文、宁文聪、谭润琳。

指导老师:李娟。

设计说明:

盲童(视障儿童)要在很小的时候就锻炼自己独立生活的技能,尤其是需要按照自己的生活习惯以及记忆来收纳摆放物品。这是一款可以帮助他们进行衣物合理收纳的衣柜设计,视障儿童只需用手触摸衣服的简化模块就可以合理判断衣物的收纳位置,并且模块也可以充当把手,方便拉开抽屉。衣物模块分别对应上衣、裤子、裙子和袜子,都是基本衣物类型且方便辨认。衣柜采用原木材质,触摸起来会给人一种亲切感和温暖的感觉,整体是清新原木风,颜色清雅舒适。对比较大的上衣抽屉做了颜色加深处理,让整体看起来和谐,也不会单调,衣柜边角细节处理得光滑圆润,确保不会因为棱角尖锐而让儿童受伤。这款设计可帮助视障儿童锻炼自己的生活技能,减轻他们的心理不适感,也可以提升他们的自信心,让他们可以积极面对生活。

设计排版如图 3-3-23 所示。

"轻舣"

视障儿童收纳衣柜设计

问题发现

衣服好多，我要怎么学习自己去整理以及记忆衣服的摆放呢

模块畅想

细节展示

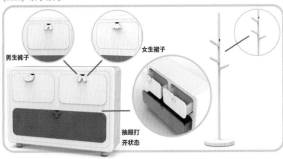

男生裤子　　女生裙子

抽屉打开状态

设计说明

　　视障儿童在很小的时候就需要锻炼自己独立生活的技能，尤其是需要按照自己的生活习惯以及记忆来收纳摆放物品。这是一款可以帮助视障儿童进行衣物的合理收纳的衣柜设计，儿童只需用手触摸衣服的简化模块就可以合理判断如何正确收纳衣物，在短时间内帮助视障儿童锻炼自己的生活技能。

使用展示

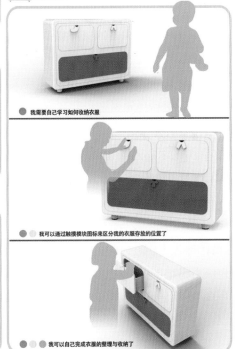

● 我需要自己学习如何收纳衣服

● ● 我可以通过触摸模块图标来区分我的衣服存放的位置了

● ● ● 我可以自己完成衣服的整理与收纳了

图 3-3-23　设计排版

第四节　实训项目四:行——出行用品设计

1.课程概况

(1)课程内容

婴童"行"相关的产品主要包括外出的交通工具等,包括手推车、婴儿提篮、儿童腰凳、背带、自行车、扭扭车、学步车、安全座椅等,还包括外出的辅助用品,例如防走失带等。

该课程内容设计前期,需要明确设计的人群定位,根据儿童不同年龄阶段的生理和心理特征进行设计,合理就婴童用品的设计原则和方法开展讨论,确定设计目标。在此基础上进行草图绘制、设计展开等环节,完成设计表达。

参考选题:儿童手推车设计、儿童自行车设计。

(2)训练目的

学习灵活运用人性化等方式进行设计,寻找用户群体的需求,分析出行产品使用的痛点,分析设计定位;

学习综合运用设计知识、技能、技法,解决出行用品的设计问题;

培养关注弱势群体的爱心,培养设计的责任感。

(3)重点和难点

重点:对人性化有详细的认识,能用人性化的方法分析身边的婴童产品。

难点:运用动漫元素进行婴童出行用品的设计。

(4)作业要求

本训练要求:分组,小组成员 3~4 人,小组成员选题内容一致;共同完成前期的创意部分,包括设计资讯收集和分析、小组讨论环节;个人完成后期的设计部分,包括草图绘制、设计展开、设计排版等。

要求提交以下设计成果:

设计报告 PPT 一份,内容包含:动漫元素运用演变图、创意草图、设计草图、三视图、三维效果图、使用情境图、设计说明、设计心得。

设计展板一套,内容包含:创意草图、设计草图、三维效果图、使用情境图、设计说明。尺寸:A3。DPI:150。2~3 版,竖版。要求逻辑清晰,重点突出,版式美观。

2.设计案例

(1)具有代表性的大师级设计作品

案例 1:mifold 便携安全座椅

设计师:Jon Sumroy。

设计说明:

这是一款便携型的儿童安全座椅设计。很多情况下我们需要安全座椅，好让孩子更安全。这款 mifold 便携安全座椅折叠后的体积占普通的儿童座椅的十分之一，它的尺寸只有 25 cm× 12 cm×4 cm，适合 4～12 岁、15～36 千克的孩子，平时可以放包里或塞汽车抽屉里，非常节省空间。普通汽车后排可以安装三个便携安全座椅。整个安装过程不到 30 秒。产品的安全性由中国 3C、欧洲 ECE R44.4、加拿大机动车座椅安全规则认证。（见图 3-4-1 至图 3-4-3）

　　mifold 的作用原理很简单。普通的安全座椅是垫高座椅来提高孩子的位置，让安全带更贴合孩子的身体，以此来实现固定孩子和保护孩子安全的目的。mifold 是设计理念完全相反的，它是把安全带压到适合孩子的高度，把孩子牢牢固定在位置上。这款产品配备了三个卡扣（见图 3-4-4），从而在肩部、臀部、腹部起到防护的作用；因绕开了肚子和脖子，让孩子既安全又舒服，还可以防止危险发生时安全带勒住孩子的脖子，而且能通过伸缩调节来适应不同身高体重的孩子。

　　该产品在坐垫表面上也做了很多细节设计。坐垫采用的是高密度纤维织物，利用表面的凸起与凹槽，让安全座椅的支撑性和防滑性更强，并且柔软透气，清洗起来也很容易，还可以直接扔进洗衣机洗。

图 3-4-1　便携安全座椅（折叠状态）

图 3-4-2　便携安全座椅

图 3-4-3　收纳在汽车抽屉

图 3-4-4　配备的三个卡扣

它的底部导轨设有三种挡位,可以根据孩子的臀形大小进行调整,安全固定所有孩子。安全带导轨和卡扣柔韧坚固,采用了世界级抗冲击材料。mifold 的使用方法也非常简单,妈妈们单手就能操作,即使不看也可快速并且精准地调整安全带的位置;连孩子都可以独立完成。

 设计点评:

该设计针对用户在使用儿童安全座椅过程中的痛点问题,采用逆向思维的方式寻找到了解决问题的办法。普通的安全座椅通过垫高座椅来提高孩子的位置,让安全带更贴合孩子的身体,以此来实现固定孩子和保护孩子安全的目的。该设计则完全相反,它是把安全带压到适合孩子的高度,把孩子牢牢固定在座椅上。

设计分析:

人群定位——4~12 岁儿童,体重在 15~36 千克之间。

痛点问题——儿童安全座椅大而笨重,安装携带不方便。

逆向思维——对司空见惯的似乎已成定论的事物或观点进行逆向思考。

案例 2：Påhoj 两用自行车座椅

设计师:Lycke von Schantz。

设计说明:

为什么要在骑自行车带孩子出去和推车之间做出选择呢? 如果两者都能做到呢? Påhoj 是一种新的自行车座椅,一秒钟就变成了婴儿车,你把自行车停好后再也不需要抱着孩子了! 许多父母想在阳光明媚的日子带上孩子一起骑车郊游等,但后来意识到他们不能带婴儿车,这款设计就很好地解决了这个问题。它的这种双重功能是独一无二的,市场上没有其他产品能提供。自行车座椅可秒变婴儿车,算是当代忙碌的父母的福音吧。

有了 Påhoj 这款可以自由拆卸的自行车后座,父母停放好自行车后,不需要再抱着孩子了,这样灵活的双重设计,能让父母与孩子更好地享受外出的乐趣。(见图 3-4-5、图 3-4-6)

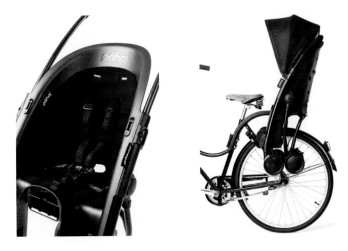

图 3-4-5　两用自行车座椅 1

图 3-4-6　两用自行车座椅 2

 设计点评:

该设计针对用户带婴童出门而难以选择出行方式的痛点问题,寻找到了较好的解决方式,通过将自行车安全座椅与婴儿手推车结合起来设计的方法,为父母们骑车出行提供了便利。

　　设计分析:

人群定位——出行需要自行车座椅和手推车的婴童。

痛点问题——儿童手推车具有一定程度的不便携性。

设计方法——多功能性设计。

(2)具有代表性的学生创意作品

案例 1：Safe Riding

所获奖项：第二届优贝杯儿童自行车创意设计大赛银奖。

团队成员：叶晓桐。

指导老师：李娟、余春林(武昌理工学院)。

设计说明：

孩子在刚学会骑车的时候往往会因为骑太快而摔倒或擦伤，得不到及时处理伤口就会发炎。自行车药箱就能很好地解决这个问题。这款设计将药箱与自行车相结合，很好地解决了孩子在骑快摔倒后伤口得不到及时处理的问题。整车采用红白黑经典色彩搭配，看起来十分炫酷。(见图 3-4-7、图 3-4-8)

DESIGN SPECIFICATION

孩子在刚学会骑车的时候往往会因为骑太快而摔倒或擦伤，得不到及时处理伤口就会发炎。自行车药箱就能很好地解决这个问题。这款设计将药箱与自行车相结合，很好地解决了孩子在骑快摔倒后伤口得不到及时处理的问题。整车采用红白黑经典色彩搭配，看起来十分炫酷。

When children just learn to ride a bike, they often fall or receive a bruise because they ride too fast, which will cause inflammation if they are not treated in time. This design combines the medicine box with the bicycle, which is very good to solve the problem.

图 3-4-7　Safe Riding 1

SAFE RIDING
安全骑行

■■ VIEW TO SHOW

650mm

1120mm

500mm

■■ SHOW SCENES

啊……好痛！

擦伤

■■ HOW TO USE

■■ THE DETAILS SHOW

■■ DESIGN SPECIFICATION

孩子在刚学会骑车的时候往往会因为骑太快而摔倒或擦伤，得不到及时处理伤口就会发炎。自行车药箱就能很好地解决这个问题。这款设计将药箱与自行车相结合，很好地解决了孩子在骑快摔倒后伤口得不到及时处理的问题。整车采用红白黑经典色彩搭配，看起来十分炫酷。

图 3-4-8　Safe Riding 2

案例 2：小鬼当家

所获奖项：第二届优贝杯儿童自行车创意设计大赛铜奖。

团队成员：朱梦妮、余佳欣、黄雨恒。

指导老师：徐卓、余春林。

设计说明：

在日常生活中儿童喜欢通过模仿大人的行为习惯来认识世界。"小鬼当家"在一定条件下满足了儿童探索世界的心理需求，该设计把车把手和工具融合在一起，使儿童可以在父母的帮

助下了解简单工具的使用并学会自己保养和修理自己的童车,培养儿童的动手实践能力,使儿童内心充满自信和自豪感。(见图 3-4-9、图 3-4-10)

对应

把手+工具
bar+tool

小鬼当家

——儿童自行车

在日常生活中儿童喜欢通过模仿大人的行为习惯来认识世界。"小鬼当家"在一定条件下满足了儿童探索世界的心理需求,该设计把车把手和工具融合在一起,使儿童可以在父母的帮助下了解简单工具的使用并学会自己保养和修理自己的童车,培养儿童的动手实践能力,使儿童内心充满自信和自豪感。

图 3-4-9　小鬼当家 1

DETAIL

坐垫
saddle

自行车把手+工具
bar+tool

可在需要时将车把手拿下来作为工具使用
满足儿童的动手欲

相同的颜色对
应相同的工具

螺丝
screw

轮胎
tire

轮胎的防滑设计，采用不规则的
图形使轮胎更加美观

脚踏
pedal

轮圈
rim

SCENE DISPIAY

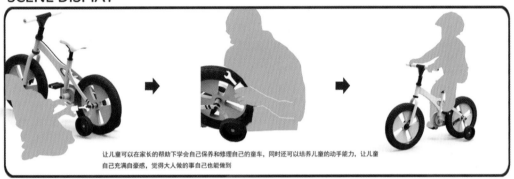

让儿童可以在家长的帮助下学会自己保养和修理自己的童车，同时还可以培养儿童的动手能力，让儿童
自己充满自豪感，觉得大人做的事自己也能做到

PRODUCT DISPLAY

THREE-VIEW DRAWINGS

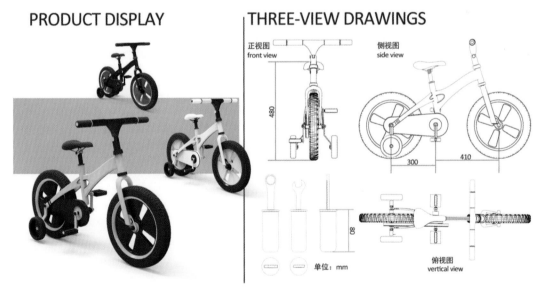

正视图
front view

侧视图
side view

480

300   410

单位：mm

俯视图
vertical view

图 3-4-10　小鬼当家 2

3. 知识点

(1)儿童产品人性化设计的方法

①对儿童生理层次的关怀。

儿童处于生长和发育的过程中,在这个阶段,无论是身体结构,还是其他生理方面,都有鲜

明的自身特点和群体特征。如4～5岁的儿童,身体较之以前变得更为灵活,行走逐步变得自然、有节奏,逐步学会自己穿衣服,能够根据物体特点和功能比较灵活、准确、熟练地操作、摆弄和建构简单造型,在创造性活动中表现出自豪感;无意注意仍占优势,对新鲜事物、新异活动有较强的好奇心,注意力容易分散,不易集中;喜欢画画,进入涂鸦期,对图形、色彩、音乐的节奏具有浓厚的兴趣。随着年龄增长,儿童的自理能力、动手能力、合作意识、规则意识和创造意识不断增强。而在这一阶段的良好的生活和行为习惯的养成,更多需要成人的引导和教育。

②对儿童心理层次的关怀。

儿童的心理特征十分复杂,他们的行为表现也是多种多样的。儿童心理行为问题与父母文化程度、教育方法、家庭经济状况、家庭环境诸多因素有直接的关联。也就是说,外在环境良好在儿童的成长中对儿童健康心理的养成尤为重要。儿童在每天的生活中,必然会接触到形形色色的儿童产品,优秀的产品设计可在儿童的生活中潜移默化地影响儿童的心理,启发他们的心智,开发他们的思维。

从儿童群体来看,他们的生理和心理方面存在着诸多的共性,这种共性的因素固然重要,但我们也不要忽略儿童的个性化的需求。每位儿童因为他们的生活环境、受教育条件不同,往往情感的需求也不尽相同。如农村的儿童与城市的儿童、男性儿童和女性儿童、国内的儿童和国外的儿童,情感需求就有所不同。有的时候这些因素容易被我们所忽略。有时候社会给予儿童的关爱与帮助会让他们觉得自己没有得到尊重,觉得自身不独立,没有得到平等待遇,这也是我们在设计时容易忽略的问题。而人性化设计的核心就是对人的生理和心理需求进行尊重和满足,给予更多的人文的关怀和人性的尊重,所以对儿童群体的细分也是人性化设计的必然需求。

(2)动漫元素在婴童用品中的应用

儿童处于身心发展时期,对待事物好奇求新,他们容易被一些好看且流行的动漫人物所吸引。他们喜欢色彩鲜明、图案简单有趣的包装,例如小猪佩奇、喜羊羊、蜘蛛侠等卡通动画图案。儿童的认知能力有限,对于复杂的事物无法理解,因此越简单的视觉形象越容易吸引他们。设计师只有明确儿童的心理特征和需求后,才能设计出适合他们的产品包装。

此外,儿童作为特殊的消费群体,并不是产品的直接消费购买者,而是直接的使用者,他们不具备消费能力,通常由其家长来买单,因此设计者不但要满足儿童的购买需求,还要满足家长们的审美等需求。儿童对事物的判断常常受到家长和周围环境因素的影响,随着接触的人和事越来越多,他们会慢慢改变并培养起自己的审美观和价值观。要让消费者对产品满意,就必须掌握不同消费者的心理需求和行为习惯,有针对性地进行设计。

第一,动漫元素设计中的色彩。每一种事物都有属于自己的色彩,比如西瓜是红色和绿色,南瓜是黄色,茄子是紫色,人们一看到这些形象色就会联想起相应的事物。此外,不同的色彩可以让人联想到不同的味道,儿童常常会根据包装的色彩来判断食物的口味。随着儿童的成长,口味喜好会发生一定的变化,其审美趣味也会产生变化。设计师应根据不同年龄段儿童特征对动漫元素设计中的色彩的色相、明度进行相应的调整,以此来完善整个产品包装设计。

第二,动漫元素设计中的图形。由于儿童的认知程度有限,相比文字来说,动漫图形更容易被儿童看懂和吸引儿童,卡通图形或动漫卡通人物能够直观生动地向儿童传递产品的有效信息和内容。由于动漫元素中的卡通形象大多有版权限制,因此厂商在进行产品包装设计的时候需要花费大量的财力去购买版权或联名合作。其实,部分产品包装完全可以由设计师来自主设计动漫卡通形象,这样还可以减免包装设计的整体费用。自主设计动漫图形时,可以从中国文化中的正能量人物、故事中获得灵感,来进行卡通描绘与动漫设计编绘。

第三,动漫元素设计中的文字。文字可以更全面细致地诠释包装中的营养成分、功效、口味、生产地等。由于儿童受教育程度有限,不能认识所有的字或理解名词含义,家长们需要帮助儿童把关,因此文字的内容和排版设计也是十分重要的。在设计文字的同时,可以借助动漫元素中的形象来展现文字内容,例如利用某卡通人物介绍产品的特性、安全度与营养成分,更容易吸引儿童。

4.实践程序

以婴儿手推车设计为例来进行课题训练。

(1)理解课题

婴儿手推车除了是宝宝喜爱的散步时的交通工具,更是妈妈带宝宝上街购物时的必需品。根据宝宝的成长阶段及使用用途,婴儿手推车又可以分成很多种类。根据某些国家的标准,婴儿手推车基本上可以分为 A 型与 B 型。一般来说,A 型是 2 个月大开始使用的宽敞可躺的舒适型手推车;B 型是 6 个月大开始使用的轻便好携带型手推车。

本次训练主题源自湖北艾米乐工贸有限公司的真实设计项目,设计产品为 B 型儿童手推车,要求:主要尺寸既要满足婴儿的使用需求,又要令使用者觉得舒适方便,手推车宽度和使用者的肩宽差不多,高度主要考虑使用者的身高尺寸;婴儿所在的空间以方便婴儿坐卧和稍微活动时不碰、不倒、不掉为宜;手推车要方便婴儿进入,方便推的人操作,方便摆放,方便移动,方便安装。对舒适性和稳定性的要求:要保证婴儿躺、坐舒服,保证所垫的物品柔软、不带有尖锐棱角,遮阳篷的设计应保证隔热(保温)、不透风;手推车的车轮应保证有减震作用,结构要安全,各构件之间连接牢固。

对手推车造型上的要求是伸缩结构部分的形态要有设计亮点,保留公司原有产品的"DNA"。

训练主题要求明确,这让设计者在有明确的设计目标的同时,在设计思维上又有局限,且由于是公司的真实项目,更能锻炼设计者的综合设计能力。

小组成员共 4 人,男生 2 人、女生 2 人。经过个人前期的发想和小组集体讨论,小组选择了在主体结构上进行设计创意。

确定设计内容的工作包括:

①进行一系列的调研,了解并分析公司现有儿童手推车的设计特点,明确现有产品的"设计DNA"。

②进行用户分析、调研,了解手推车折叠结构的形式和类型,了解手推车主体部分管状结构的加工工艺,按照客户要求将动漫元素运用到手推车车身主体框架的结构部分中。

③针对儿童座椅的形态与功能进行分析,充分考虑儿童的身心特征,设计出更为人性化的儿童手推车。

(2)设计资讯收集与整理

小组成员分工合作对设计相关的若干方面进行了资讯收集和调研。这个阶段需要集中讨论确定工作内容,并明确分工。在整个设计资讯收集与整理过程中,小组成员保持沟通交流。

①儿童手推车设计背景调研。

小组调研时针对我国婴童推车市场的购买力进行分析,从人口角度出发。据我国人口普查统计数据,我国每年有一千多万名婴儿出生。从世界人口出生情况来看,世界人口老龄化的问题越来越严重,许多国家开始注意到这一问题并纷纷出台鼓励生育的政策。预计未来,人们对于婴童推车的需求也会增加。

②儿童手推车结构调研。

在设计婴童推车时,要考虑到造型对结构的影响。婴童推车有三种收合方式,分别是传统收合方式、左右折合再上下折合及前后折合再左右折合。这三种收合方式各有优点。良好的婴童推车结构设计给人一种安全稳固的感觉。结构不同的婴童推车所体现的价值也不一样。就比如说,高端的婴童推车一般都选用前后折合的方式,因为这种方式给人一种安全坚固的感觉。以下是不同的构件,我们对其进行结构定位。

遮阳篷:对宝宝而言,有个能防风挡雨的遮阳篷,是手推车必备的条件之一。遮阳篷大小关系到遮阳范围,以及防风的作用。此外也有一种特别设计的阳伞,可以固定在车架上,并具有方便转向及调整高低的功能,可以配合日照方向并较为通风。有些遮阳篷,亦具有抗紫外线的功能,可供选择参考。

坐垫:设计上会依照婴儿车大小或收折方式而有不同的剪裁。一般来说,坐卧两用的手推车较宽敞,坐垫厚实;而有些轻便的伞车因为轻巧的要求,通常只有单层布面支撑。另外要注意的是,坐垫载重后下压的幅度不可太大,也就是支撑力要够,否则宝宝会坐得不舒服。此外,为了保护宝宝的头部,可以选择有柔软设计的护头靠垫。

椅背:分为可调整与固定角度两大类。根据功能需求不同可以调整的常称为坐卧两用式。也有婴童推车可以安装座椅和睡篮的。坐卧两用的推车可调到平躺位置,一岁以内的宝宝比较需要用到。另有推车设计为只能躺,较适合宝宝短时间休息使用。通常坐卧两用推车因结构复杂而比较大且笨重,故车架选择上以铝合金材质为宜;而伞车强调轻便,椅背通常是固定的或是调整角度小的。靠背和辅助靠背调节的构件可承受 30 千克的物品的重量视为合格。另外根据《儿童推车安全要求》规定,坐式推车坐垫与靠背的夹角范围为 95°到 120°,卧式(坐卧可调式)推车坐垫与靠背的夹角范围为 150°到 180°。

把手:可分为定向及双向。双向把手因为可以换向推行,故家长可以面对宝宝,通常比较适用于新生儿。另外有的把手可以调整高低,这是针对不同的身高而设计的。

收合:市面上可分为三大类。

a. 传统收合:将前后折合后站立,通常是坐卧两用手推车,折合后是四方形。

b. 左右折合再上下折合:通常是伞车,收合后是细长状,体积较小,缺点是通常不能站立。

c. 前后折合再左右对折:收合后大小适当,可背在肩膀,是市面上颇受欢迎的设计,但缺点是车架比较不稳固,使用时要多留意凹凸路面。

骨架:手推车骨架若为铁管,通常较重;铝管较轻。

安全带:任何一款推车,都有安全带设计,功能是保护宝宝,使其不致因乱动而跌落车外。

前护栏:防止宝宝摔落,最好选择可拆卸设计,不但更换尿布时方便,等孩子较大时,可拆掉护栏以免座位空间太小。

置物篮:通常设计于推车下方,外出时便于摆放婴儿的奶瓶、尿布等。

防震装置:一般婴儿车大部分的时间使用在户外,路面有时平坦有时颠簸,虽然在婴儿车的坐垫内通常加设有泡棉或者树脂棉等有弹性的物质,来增加婴儿乘坐时的舒适度,然而当遇到较不平坦的路面时,柔软的坐垫无法提供足够的减震性能,因此一般婴儿车均设有防震功能,以适应颠簸路面。防震装置一般装设在前轮组或者后轮组,在挑选时可将车放置于地面,轻压车架测试其弹性程度。

刹车装置:婴儿车必备的安全装置之一,在操作者需要停下或固定婴儿车时使用。

高度调整装置:操作者身高不一,为使操作者舒适推车,大部分婴儿车在手推杆的位置加设有可调整高度的装置。此装置可分折弯式与伸缩式两种,可依不同喜好挑选。

各种婴儿车附加物:可依使用习惯或视当地的气候状况挑选。

a.餐盘,装置于座位前方,可置放餐具或直接置放零食。

b.上置物盘,可供操作者置放饮料或小物件。

c.脚罩,在较冷地区于户外使用时,给婴儿保暖。

d.雨罩,雨天时可全罩式覆盖婴儿车。

e.防霾罩,可以固定在婴儿车上,保证宝宝能呼吸新鲜空气,避免雾霾对宝宝的危害。

③儿童手推车的人机工程学调研。

第一,婴童身高的人机工程学分析。随着时间的推移,婴童因生长发育身体各部位尺寸也会发生变化,如表3-4-1所示。可以根据相关数据进行相对应的设计。

表 3-4-1　婴童各部分尺寸(样例)

身体部位大致尺寸	年　龄	
	6 个月	36 个月
身高/cm	72	98
大致体重/kg	8	15
胸围/cm	46	55
腰围/cm	44	53
臀围/cm	46	56
背长/cm	19.4	24.2
头围/cm	46.5	51.5
肩宽/cm	25.6	27.4
足长/cm	10.8	15

第二,婴童头部与靠枕的人机工程学分析。婴童外出时常在婴儿车中坐卧,因此,婴儿车的设计要十分注重脖颈的保护,既要减少颈部所受的冲击,又要舒适。婴童的身体与头的比例在4:1左右,头围为35~54 cm,设计婴儿车时要做相应考虑。

第三,婴童的睡躺角度分析。婴童从出生到6个月大的时候经常小憩,一个舒服的睡眠姿势对于他们来说十分重要。外出时婴童常被置于婴儿车内休息。因此婴儿车设计要考虑有一定的角度,使婴童睡得更加舒服且避免呛奶。

第四,婴童与坐垫的人机工程学分析。坐垫应可以承受至少15千克的重量,但坐垫承重后

下压幅度不可太大,否则会影响婴童的发育以及乘坐的舒适度。

第五,婴童与脚垫的人机工程学分析。脚垫应提供足够的支撑力,使得婴童在推车上时脚下有所依托并且增强安全感。婴童从出生到3岁左右的时候,足长也大致增长到了15厘米,另外,3岁左右婴童的小腿长度大约为19厘米,设计时可以依据这些数据设计相应长度的可调节高低的脚垫。

第六,婴童手指与推车夹缝的人机工程学分析。0到3岁的婴童的手指宽度在3厘米到7厘米的范围内。利用这一点再加上国家生产制造技术标准,就可以控制连接处的缝隙的大小以保证婴童安全。

④客户现有儿童手推车分析。

以下为现有某款艾米乐儿童推车数据。

品牌:艾米乐(Aimile)。

商品名称:艾米乐婴儿推车。

商品毛重:10千克。

商品产地:中国。

车架材质:铝合金。

类别:四轮推车。

车轮材质:PU(聚氨酯)。

类型:高景观推车。

车篷形式:半篷。

轴承数:6轴。

功能:可折叠,避震,可坐可躺。

车篮面料:牛津布。

车身净重:5.1～10千克。

车轮类型:PU发泡。

此款推车(见图3-4-11)将轻巧、便捷、多功能、时尚等元素融入现代都市生活的需求之中,车体方便折叠,可以轻松上楼,带有超大置物篮,采用航空轻铝材,主体采用亚麻布料,把手采用仿皮材质。

车体高度为64 cm,属高景观推车,远离地表热气、路面灰尘、汽车尾气等。

最大的设计亮点是轻便,可以实现"同时抱娃提车无压力"的用户需求。收纳时小巧不占空间,车身至轻,携带方便,可以放汽车后备厢,可以带上公交。在收纳功能上可以实现1秒折叠收车,购买后免安装即可使用。另外,在实用功能上可坐可躺,脚踏可调节,靠背可无级调节。平躺模式可使宝宝睡觉更香甜;坐姿模式可科学合理有效保护宝宝脊柱。(见图3-4-12)

该产品采用六轴精钢深沟轴承,使用时更加顺滑,还能降低摩擦系数,使用的持久性更强;采用SUV级避震系统,四轮为360°万向轮,可以应对各种不同路面,减少震动,保护宝宝大脑;车轮采用PU发泡轮胎,耐磨的同时抓地效果好,能适应在坑洼路、石子路和带有减震带的地面使用;车架采用铝合金材质,表面采用阳极氧化技术。车身包套和坐垫采用亚麻材质,舒适透气。(见图3-4-13、图3-4-14)

图 3-4-11　艾米乐四轮推车 1

图 3-4-12　艾米乐四轮推车 2

⑤儿童手推车竞品分析。

　　婴童推车市场巨大、品牌众多,但具有优势的品牌并不多,以下几款婴童推车各有所长,其中有很多设计值得我们借鉴学习。

　　第一款为荷兰酷尼旗下一款婴童推车。该婴童推车为三轮结构,设计亮点在于:其可以自动展开,车身内置液压装置与车架融为一体,车架展开自然协调;造型美观没有突兀感,车身粗细线条搭配合理。不足之处在于:车身过于宽大,座椅角度可调节范围较小,不适合久坐。

　　第二款为 Stokke Xplory 婴儿车,它兼顾美观和实用性,使用方便。车架设计新颖,抛弃传统造型,为我们拓宽设计思路。把手可以调节。通过调节把手的高度和角度可达到最完美的推行姿态。支持高度调节和两种座位设置,能抬高孩子的座位,让他和成人更接近,这样可以增加孩子的安全感,同时也能让他面对前方,获得更好的观景视野。刹车系统采用了有特色的单体

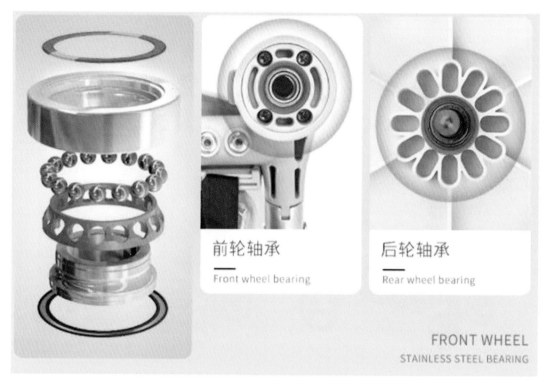

前轮轴承
Front wheel bearing

后轮轴承
Rear wheel bearing

FRONT WHEEL
STAINLESS STEEL BEARING

图 3-4-13　产品轴承

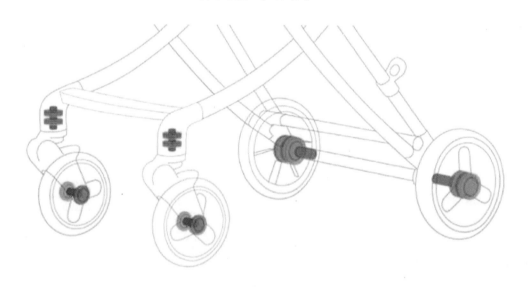

图 3-4-14　SUV 级避震系统

踏板刹车设计。不足之处在于：其置物空间过小；座椅与车架的中间连接键稳定性不足，易出现松动的情况。

　　第三款为 Babysing 婴童推车，其最大的亮点在于车架连接更加紧凑，减少过多的折叠机构，使得设计更加简洁自然。车架中间连接键稳固性强，外观具有金属质感，可增强稳固感。不足之处在于价格过高，普通家庭可能不愿承受。

　　第四款为荷兰的 Greentom 婴童推车，其最大的亮点在于整体车身采用 PET 环保材料制成。车架连接紧凑，稳定坚固；外观亲和力强；车身和睡篮为分体式结构，可拆卸。Greentom 设计还获得过 2014 年红点奖,可见其设计具有前瞻性和环保性。不足之处在于车架折收后仍过大,不易外出携带。

第五款为好孩子婴童推车。车架整体瘦小,符合亚洲人的人机标准;车架结构也为中间连接,可减少不必要的连接键。推车设计感十足,装饰元素运用巧妙合理。

第六款为 Doona 婴童推车。其本身是一个汽车安全座椅,结构紧凑,车轮可折收。不足之处在于,此款婴童推车仅适合 0 到 2 岁的婴童使用,车内体积有限,无法满足稍微大一点的婴童使用;车架过低,观景能力较弱。

⑥手推车使用者分析。

成人对于婴童推车的使用主要表现在以下几个方面。

第一,成人使用推车进行散步、慢跑等活动,这样极大地考验推车的稳定性能。

第二,老年人和女性推车时喜欢将重物放在车中或者挂在把手上,这样使用特别需要注意车辆的重心是否偏移以及推车置物篮是否损坏。

第三,成人使用婴童推车时容易忘记踩下刹车装置,导致溜车。

第四,成人在推车时会查看婴童的状态,他们需要与婴童互动,以观察其是否有不适的状态或增进感情。

第五,成人错误操作婴童推车,比如上下楼时在没有将婴童抱出的情况下抬起推车很可能使得推车意外折收造成危险。

(3)个人发想＋小组讨论

在收集与整理设计资讯的基础上完成个人发想,提出设计创意,然后进行小组讨论,表达各自的创意想法。

本次训练在小组讨论中出现了可能将设计导向不同方向的分歧。

设计创意 1:

此方案的整体风格偏向于硬朗的欧美风格。该车的金属支架部分采用铝材质,连接的塑料件为 ABS 工程塑料。金属件采用阳极氧化工艺,手感更加舒适高级。推车的后轮部分采用双管结构,能够在更加结实的基础上提供优良的减震效果;双管造型与车身整体刚硬的造型风格一致,既能保障其功能性也能增加其美观性。

设计创意 2:

该款童车采用独特的力学设计车架,整个车身框架优美流畅,车身金属部分采用铝材质、阳极氧化工艺,耐腐蚀性强,减少车架划伤。塑料件采用 ABS 工程塑料。车身后轮支撑部分采用双管结构,双管部分每根管材热弯成形,和两部分的塑料件连接,既保证了车身的整体强度,也减轻了车身的整体重量。

老师点评:

设计创意 1 需要考虑管材结构是采用圆管还是扁管,细节设计时需要考虑正面脚垫部分的结构。

设计创意 2 采用独特的力学设计结构,这种双弧形的结构采用圆管管材在加工工艺上更容易实现。

小组设计论证:

4 位同学中的 3 位倾向于选择设计创意 1 方案,同时应艾米乐公司要求保留啄木鸟形态。

（4）设计展开

设计展开详见图 3-4-15 至图 3-4-20。

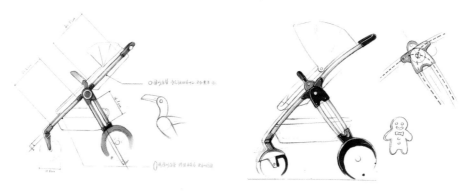

图 3-4-15　草图方案 1

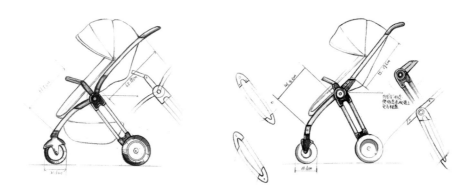

图 3-4-16　草图方案 2

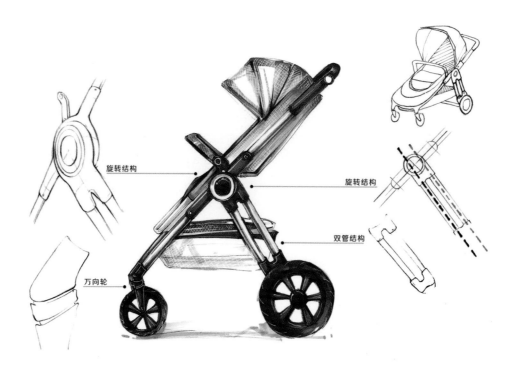

图 3-4-17　草图方案 3

图 3-4-18 草图方案 4

图 3-4-19 草图方案 5

图 3-4-20　草图方案 6

(5)设计完成(设计排版、设计报告)

团队成员:王家宝、薛梦婷、张恒、熊笑一(武昌理工学院)。

指导老师:余春林。

设计说明:

此方案的整体风格偏向于硬朗的欧美风格,金属支架部分采用铝材质,连接的塑料件为 ABS 工程塑料。金属件采用阳极氧化工艺,手感更加舒适高级。推车的后轮部分采用双管结构,能够提供优良的减震效果。(见图 3-4-21 至图 3-4-24)

图 3-4-21　效果图 1

图 3-4-22　效果图 2

高级黑　　　　　　沉稳蓝　　　　　　复古红

图 3-4-23　效果图 3

图 3-4-24　效果图 4

第五节　实训项目五：娱——婴童玩具设计

1. 课程概况

(1)课程内容

婴童群体的玩具是婴童日常生活中必不可少的物品。随着社会生活水平的提高,家长对孩子的各个方面都给予了极大的关注,他们逐渐意识到玩具在孩子的一生中起的重要作用。婴童的玩具可按照材质来分类,有木制玩具、金属玩具、布绒玩具等;按照其功能来分类,有益智类玩具、运动类玩具等。

拼图玩具类:提高儿童的认知能力、分析能力、想象力,培养儿童的成就感。

游戏玩具类:在提高儿童认知能力的基础上,培养儿童的动手、动脑能力,开发他们的思维,锻炼操作技巧和手眼协调的能力。

数字、算盘、文字类:在训练儿童镶嵌能力的同时,进行大动作的练习,也可训练儿童的精细动作,启发儿童对形状、数量的准确理解,进而锻炼肌肉的灵活性。

工具类:主要让儿童认识、掌握各种工具的形状、颜色和构造,在这一过程中训练儿童的实际动手操作能力和手眼协调能力,开发想象力。

益智组合类:培养儿童的空间想象能力及精细动手操作能力,从而加深其对时间、动物、交通工具和房屋形状、颜色等方面的理解。

积木类:激发儿童的动手兴趣,培养儿童合理组合搭配的意识和空间想象能力,结合巧妙的拖拉设计,锻炼儿童的行走能力,鼓励儿童创作。

交通玩具类:提高儿童对火车、汽车及各种工程车的构造的认知和了解,在此基础上训练其组装、拖拉和整理的能力,提高其动手意识和生活自理能力,并通过拼搭了解物体之间的变换关系。

本课程内容要求学生以婴童的行为和需求为导向,围绕婴童娱乐问题进行大量的信息收集和分析;通过对婴童娱乐用品的调研,描述设计现象,发现婴童的行为和需求特征。在此基础上小组进行扩展思维,以婴童用户为中心进行娱乐产品的设计创意,确定设计目的,明确设计定位,再进行草图绘制、方案深入和设计展开等环节,撰写设计说明,进行整体呈现和表达。

参考选题:模块化玩具设计、多功能玩具设计、益智玩具设计。

(2)训练目的

学习如何围绕婴童的行为需求发现用户的潜在需求,寻找到设计的切入点;

学习综合运用婴童的行为引导作为设计手法,融入设计创意;

学习归纳总结及提炼调研资料,凝聚设计点,扩展设计思路;

培养深入观察用户群体特征的设计意识,弘扬钻研精神(融入思政内容)。

(3)重点和难点

重点:对以用户需求为中心的设计方法有明确的认识,能用行为引导的方式进行设计创意和解决设计问题。

难点:将行为引导融入玩具设计中,将"娱""教"融为一体,实现婴童玩具寓教于乐的目的。

(4)作业要求

本训练要求以小组的形式进行,4~5人一组,共同完成婴童需求部分的调研,根据婴童需求提出玩具设计可能的设计方向,个人再运用头脑风暴的方法进行设计创意的扩展。要求参与的成员尽可能多地提出解决问题的办法,在提出解决办法时,运用多种创意思维的方式进行扩展思维。

小组成员共同提出以婴童需求为中心进行玩具设计的可能性,在此基础上进行同类产品的分析及调研,确定行为引导的设计方法和流程、设计步骤展开、方案评估及论证、人机数据采集及分析、设计效果展现、排版等。

个人完成后期的设计部分,包括草图、设计展开、设计细节、设计产品的尺寸和设计表达以及排版。

要求提交以下设计成果:

设计报告书一份(PPT格式),内容包含:设计背景分析,设计调研,相关产品调研(同类产品案例调研,技术调研等内容);市场调研(用户调研等内容);调研结构分析;确定设计目标,明确设计定位,进行设计方案的可行性分析。

设计展板一套,内容包含:构思草图、设计方案草图,最终设计方案、设计说明、情景使用图、三视图,设计三维表达。尺寸:A3。DPI:150。2~3版,竖版。要求逻辑清晰,重点突出,版式美观。

2.设计案例

(1)具有代表性的大师级设计作品

案例 1: Set(儿童栽培玩具)

设计团队:Marta Rojas。

设计说明:

Set是一款可供男孩和女孩一起玩的棋盘游戏玩具,通过玩游戏的形式让儿童学习和了解农作物生长规律。自然界的农作物都有自己的生长规律,从播种和丰收的季节,到生长的每个阶段,这款玩具可以让儿童学习作物生长的各种知识。玩具由棋盘、植物道具和卡片三个部分组成,栽培的植物分别有胡萝卜、洋葱等,每个植物的生长都要经历浇水、施肥和保护的过程。每个玩家都要尽力照顾自己的植物直到它们获得果实。(见图3-5-1至图3-5-3)

 设计点评:

儿童玩具对儿童的成长发育有着重要的辅助作用。现代儿童玩具的创新设计应遵循科学性和安全性设计、动机需求设计、互动性体验设计和功能组合性设计等设计策略。这款儿童玩具从动机需求设计出发,以栽培体验为需求点来进行设计创意。这款玩具的游玩过程,从学习播种开始,到生长过程中的浇水、施肥和保护,再到最后的丰收,都给儿童带来不同的游戏体验,游戏结束的过程也是儿童感受丰收喜悦的过程。整个游戏过程遵循植物的生长规律,让儿童体验和亲近真正的栽培过程,增加了儿童玩具设计的体验感。

图 3-5-1　Set（儿童栽培玩具）1

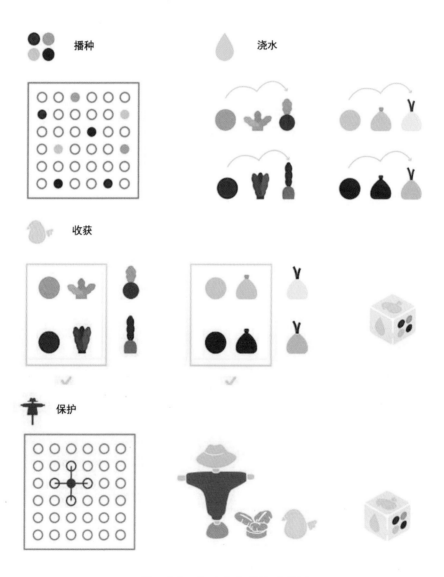

图 3-5-2　Set（儿童栽培玩具）2

图 3-5-3　Set(儿童栽培玩具)3

● 设计分析:

模仿是儿童成长的第一步,儿童喜欢模仿成人的动作技能以及行为特点。儿童的模仿敏感期可以分为两个阶段,即 2 岁前的简单模仿期和 3~4 岁的行为模仿期。在设计创意扩展阶段可以抓住儿童喜欢模仿的这一特点,将模仿的动作技能和行为特点进行分类和归纳,寻找设计创意点。

案例 2:Zigmo 儿童户外玩具

设计师:未知。

设计说明:

这款户外儿童玩具旨在引导儿童到户外探索,增强儿童的探险精神。玩具由背带和四个结构球组成,背带用来携带结构球,使其"参与"户外冒险。背带上采用钩带结构,可以快捷地携带结构球,同时背带上还附带一个储物包,里面可以存放重要的东西。四个功能不同的结构球使儿童可以和其他"探险家"朋友分享。四个结构球可分别引导儿童成为开拓者、记事员、建筑工人、生物学家、化学家等,在唤醒儿童内心的好奇心的同时进行正确的价值观引导。(见图 3-5-4至图 3-5-7)

图 3-5-4　Zigmo 儿童户外玩具 1

图 3-5-5　Zigmo 儿童户外玩具 2

图 3-5-6　Zigmo 儿童户外玩具 3

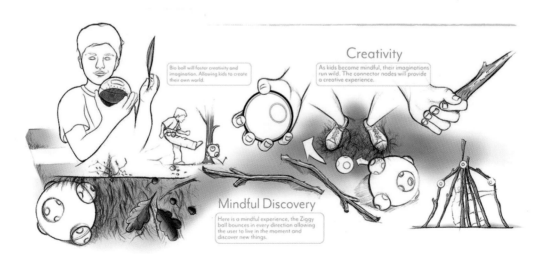

图 3-5-7　Zigmo 儿童户外玩具 4

连接结构球由柔软黏性橡胶材料制作,在球上的连接器节点周围有孔,儿童在户外玩耍的时候能将其变成一个固定装置,如连接棍棒来建造儿童想要建造的任何东西,如图 3-5-8 所示,引导儿童成为建筑设计师等。当结构球被踢在轨道上时,因为球内的节点被卡住,球会不均匀地滚动,而不是直线滚动,其不均匀的弹跳会将儿童的视线引导到不同的地方,这能迫使儿童注意周围的环境,增强观察力。

图 3-5-8 Zigmo 儿童户外玩具设计 1

铲头结构球能方便儿童在户外探险时进行挖掘。这个结构球上半部分是带肋的网格纹理,在户外挖掘的过程中该设计能减少颗粒物的附着,使球的上半部分保持干净,保证不会污染其他的物体;下半部分由光滑的塑料组成,增加儿童挖掘的便利性,引导儿童成为地质学家等。(见图 3-5-9)

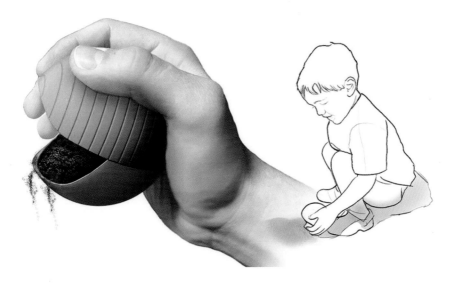

图 3-5-9 Zigmo 儿童户外玩具设计 2

生物圈球是儿童创造自己的世界的工具,儿童可以充分利用想象力,在里面建立属于自己的"乌托邦"。儿童可以收集植物和昆虫进行创性力的培养。该设计引导儿童成为生物学家或者自然主义者。(见图 3-5-10)

图 3-5-10　Zigmo 儿童户外玩具设计 3

　　注射器结构球可以用来收集存储户外水,儿童可充分利用想象力,建立并发现自己的潜能。球的主要材质是柔软的橡胶,使得这个球可以用来吸入水,也可以用来喷射水,就像玩具水枪一样,引导儿童成为化学家或生物学家。(见图 3-5-11)

图 3-5-11　Zigmo 儿童户外玩具设计 4

 设计点评:

　　设计师旨在提供一种非结构化的、自我导向的、积极的冒险来促进儿童的有意识发现。为什么"非结构化"和"自我导向"对儿童如此重要?因为非结构化游戏可让儿童探索他们的想象力,发展自我体验以及自我调节,有助于增强弹性和可预测性。很多时候儿童由积极的参与者变成了被迫参与者。设计师想要从玩具着手引导儿童创造一条独特的职业道路,提升他们学习和发现的技能,让儿童体验当下的生活,而不是沉迷于网络,失去了和朋友闲逛或享受户外活动的时光——这也正是影响儿童精神健康的危机。

◉ **设计分析：**

该设计对儿童进行有意识的体验分析，让儿童活在当下，并发现新的东西，而不是在固定的形式下被动地参与生活，可启发儿童的探险性和创造性。该设计可激发的运动技能包括建设性创造力和积极的社会参与，从鼓励参与性、灵活性、适应性、便携性等方面着手进行多元化的创意。

(2)具有代表性的学生创意作品

案例 1：胶囊潜水艇

所获奖项：2018年第九届中国玩具和婴童用品创意设计大赛铜奖。

团队成员：王家宝、彭帅、吴姝洁（武昌理工学院）。

指导老师：徐卓。

设计说明：

这是一款为1～5岁婴幼儿设计的洗澡戏水智能玩具。有些婴幼儿在洗澡时会表现得非常抗拒，常常令父母非常头疼，所以有一款好玩又贴心的戏水玩具是非常必要的。

"胶囊潜水艇"造型简约可爱，颜色鲜明。其吐泡泡的功能特点可以很好地吸引婴幼儿注意力；音乐模式让玩具更加生动有趣；水温检测功能可以让妈妈随时了解水温情况，让婴幼儿开开心心洗澡、健健康康成长。该玩具在水面吐泡泡模式下会浮到水面以上，底部的进水孔会充分吸收泡泡水然后在顶部喷口中吐出；当然也可以捧在手上按按钮吐泡泡。（见图3-5-12、图3-5-13）

图 3-5-12　胶囊潜水艇1

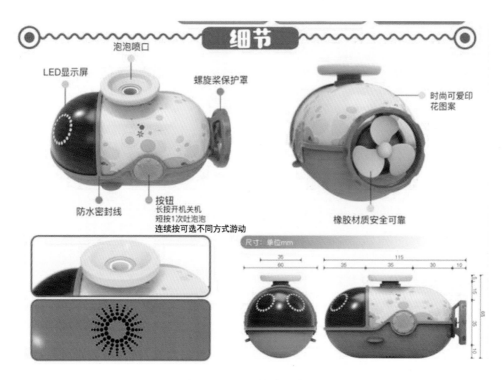

图 3-5-13　胶囊潜水艇 2

案例 2：超级飞侠跳跳跳

所获奖项：2017 年第八届中国玩具和婴童用品创意设计大赛优秀奖。

团队成员：杨茜茜、覃可尔、雷月（武昌理工学院）。

指导老师：余春林。

设计说明：

"超级飞侠跳跳跳"是一款与手机、投影仪相互结合的智能儿童弹跳杆。"超级飞侠跳跳跳"的外形设计采用《超级飞侠》动画角色形象，使用弹簧和减震器相结合的结构，增强投影画面的稳定感。在弹跳杆的前端设有一个与手机 APP 联系的旋转立体投影仪，在孩子使用过程中弹跳杆前端会投射出金币，孩子通过蹦跳收取金币，所获金币的数量就是弹跳次数。孩子也可以和小伙伴们一起组队比赛，通过手机设定时长记录大家收集的金币数的排名。家长也可以通过手机 APP 了解到孩子一天的运动状况。

"超级飞侠跳跳跳"的金币投影的方式可激起孩子之间的竞争，有效地增强孩子的积极性和运动量，促进孩子的身体健康。（见图 3-5-14、图 3-5-15）

3. 知识点

(1)婴童产品中的行为引导思维

行为引导的研究在行为学领域起源于劝导理论。行为劝导理论是斯坦福大学 B. J. Fogg 教授针对行为提出的，至今一直在延续和发展。B. J. Fogg 教授提出的 Fogg 行为模型（Fogg Behavior Model，FBM），可帮助团队高效地合作，帮助人们思考行为并做出改变，在健康、教育、销售等多个领域都能够提供一些建议。FBM 可以用坐标图表达出，如图 3-5-16 所示，图中的曲线为行动线，代表行为发生的临界值。FBM 中存在行为三要素，即动机（motivation）、能力

图 3-5-14 "超级飞侠跳跳跳"1

(ability)和触发条件(prompts),这三个要素须同时达到一定条件,行为才会发生。

愉悦和痛苦的感觉、希望或恐惧的预期、社交的归属感都是 FBM 中核心的行为动机。FBM 中用户行为能力需要经过训练或接触新鲜事物达到。Fogg 教授认为,人本质上是懒惰的,产品需要人们通过学习和努力来适应是较难被人们接受的,因此设计者需要降低任务难度,使行为变得简单。

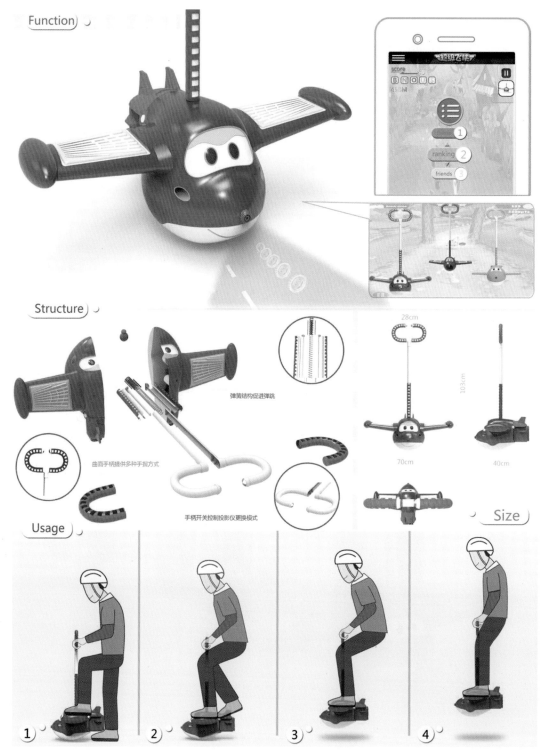

图 3-5-15 "超级飞侠跳跳跳"2

　　婴童产品中的行为引导思维,是指从劝导因素入手,将行为引导与婴童产品的设计结合,引导婴童群体的行为习惯,帮助实现既定的设计目标。

　　婴童产品设计需适应婴童的行为特征,同时能够辅助婴童的行为引导;某种意义上婴童产品是行为引导的介质。产品设计通过形态语意等指示帮助行为产生,如提高易用性、降低用户

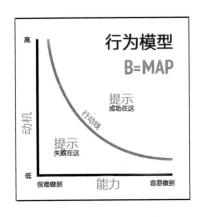

图 3-5-16　Fogg 行为模型

学习成本、提升操作能力,增强引导性,同时能够在用户使用过程中检验产品设计的合理性。

(2)婴童产品中行为引导的原则

①提升儿童行为动机。行为动机是指行为主体对某一目标的主观愿望和意图,动机可激发和维持行动,成为一种驱动,是决定行为的动力,使个体朝着既定目标行动,并影响着维持行为的时间以及调节行为的方向、强度。在设计儿童行为引导产品的过程中,可从内在动机和外在动机入手。

内在动机为主体自身的内部因素,常表现为关注儿童的注意力和兴趣爱好,抓住儿童喜爱的元素,吸引儿童的好奇心,或以游戏化的形式吸引儿童参与活动,在游戏中引导行为、进行教育。另外,在儿童操作过程中,适度的挑战能够激发儿童的欲望,帮助维持行为内在动机。

外在动机为影响主体的外部诱因,如:提供儿童喜欢的礼物、美食等能够促进他们完成目标;周围人的夸赞也能够满足儿童的好胜心,加强维持行为的时间、强度等;亲子间的互动行为也可以提升外在动机。设置奖励机制更是一个驱动儿童行为的有效方式,儿童会为自己想要的奖励而完成既定目标。

②提升儿童行为能力。根据 Fogg 教授对 FBM 的分析,可通过培训用户使他们掌握技能以实现行为、提供用户更容易执行任务的工具或资源、将目标行为简单化三种途径增加用户行为能力。儿童生理、心理发育具有阶段性,较难提升行为及学习能力,可考虑思想、体力、时间因素,降低任务难度从而降低脑力成本和体力成本、减少任务时间方面的设计。

③设置有效的触发点。产品中的触发点如同点燃火苗的导火索,能够提醒用户到什么时间了、应该做什么了。Fogg 教授曾经将此元素称为"trigger",之后更改该术语为"prompt"。触发点包括提示、号召性的语言、请求等。触发机制的产生也需要满足一些条件:触发点需要能够被捕捉;触发点要与目标行为建立联系;用户要同时具有相应的行为动机和能力。在儿童产品中,行为引导设计需保证触发点能被儿童感知,并能够匹配信号和目标行为。设计时应设置容易被察觉的信号来吸引儿童的注意。声音信号是十分有效的触发点,设置闹钟、提示音能够直接提醒任务的时间点。视觉信号和触觉信号同样有效,产品颜色、形态的变化与警示、指示等都能够吸引儿童,让儿童做出动作。温度、硬度等的变化也较容易被感知,可迅速引导儿童做出行为反应。儿童常身处家庭环境中,周围陪伴者的语言、动作对儿童行为引导同样有效。

(3)婴童产品中行为引导的方法

婴童产品可以通过产品的形态、色彩、图案、材料等设计积极地引导婴童的行为,将无意识

的动作转化为行为习惯,帮助家长引导儿童实施认知学习行为、收纳行为、清洁行为等,养成良好的学习与生活习惯。将行为引导应用到婴童产品设计中能够帮助实现既定目标,在产品的使用过程中影响儿童,从而帮助儿童形成习惯,具有一定的教育意义。

除了从产品形态上着手,婴童产品中的行为引导还可以根据婴童行为的过程性特征进行表达,可以从行为发生前、行为中、行为后三个阶段进行引导,这种方式注重用户行动的程序性,着重强调婴童用品在使用过程中和用户的交互过程。与此同时,还可以从婴童产品的情感特征角度出发,实现行为的引导。

4.实践程序

以提升儿童安全意识的行为引导性玩具设计为例进行课题训练。

(1)理解课题

目前市面上没有专门为孩子设计的猫眼,且猫眼的高度一般在1.5～1.6米之间,而孩子的身高在13岁以前常无法达到1.5米,所以经常会出现有人敲门而孩子因身高够不着猫眼不知道门外是谁的情况。若是一个人在家,警惕性高的孩子会搭椅子通过猫眼查看,而大部分孩子的自我保护意识薄弱,警惕性低,会直接开门。所以,猫眼的科学设计在很大程度上决定了孩子独自在家的安全。

本课题的研究目的是以解决传统猫眼设计的不足为基础,结合儿童心理特征及行为习惯,设计出一款儿童玩具,以此来督促孩子养成先判断门外危险与否再开门的好习惯,增强防范意识,并且解决孩子使用传统猫眼时因身高不够而造成的不便。

小组成员共6人,男生3人、女生3人。经过个人前期的发想和小组集体讨论,小组将问题集中在:如何通过设计引导孩子养成正确的生活习惯,在有人敲门时,先查看猫眼再开门,增强防范意识;在寓教于乐的同时,培养孩子的好奇心,激发鼓励孩子探索世界,满足孩子的求知欲。

从行为引导出发,进行头脑风暴,扩展创意的可能性。

(2)设计资讯收集与整理

为了扩展设计创意,小组成员做了详细的调研,分别从儿童群体用户调研、玩具相关产品调研、传统猫眼的结构和原理调研几个方面进行。小组成员明确分工,在整个设计资讯收集与整理过程中,保持线上交流,利用网络平台实时共享信息。

①儿童群体用户调研。

为了了解孩子独自在家时是否有良好的安全意识,小组成员采取实验观察法进行了市场调研——以"不要给陌生人开门"为主题展开了儿童安全测试活动,看看家长不在家时孩子是否会轻易开门。测试结果见表3-5-1。

表3-5-1　安全测试结果表

姓名	年龄	身高	家长反应	敲门事由	儿童反应	防御结果
刘赫奇	6岁	1.10 m	担心	物业人员查水表	先拒绝,后开门	失败
多多、腾菲	4岁、6岁	1.04 m、1.16 m	平时做过安全教育	家长同事送东西	先害怕,后接受	失败
焦元喆	6岁	1.22 m	解释平时快递收得多	快递员送快递	搬凳子查看猫眼,后开门	失败

姓名	年龄	身高	家长反应	敲门事由	儿童反应	防御结果
闻博	7 岁	1.24 m	担心	送快件	直接开门	失败
范禹含	8 岁	1.30 m	失望	敲门后，还未告知	热情开门邀请	失败
高畅	6 岁	1.13 m	出门告知不要开门	检查水表漏水情况	拒绝，并告诉对方父母不在家	成功
班纳	7 岁	1.20 m	欣慰	送玩具	害怕并拒绝开门，反锁房门	成功
阳阳	8 岁	1.30 m	比较担心	超市送零食	镇定并开门	失败

在 8 组测试中，有 6 组小朋友为陌生人打开了房门，只有 2 组小朋友防御成功、通过了安全测试。另有调查结果显示，当陌生人以不同借口如送快递、送外卖、更换水管等要求进门时，有79%的儿童会给陌生人开门。

通过以上的调研得出：家长应抓住幼儿成长的关键期，充分利用自然与实际生活机会，增强孩子安全意识，使其养成先看猫眼再判断是否开门的习惯。由于人群特殊性，这一良好习惯需要通过"寓教于乐"的方式，以玩具或游戏为载体来培养。同时，这一阶段的孩子对世界充满探索的欲望，会通过直接感知和实际操作进行探索学习，设计时可进行相关考虑。

②玩具相关产品调研。

相关产品调研如表 3-5-2 所示。

表 3-5-2 相关产品调研

玩具	名称	结构件	原理	功能	材质	适合年龄	优点
	望远镜	目镜，物镜	利用透镜或反射镜折射或反射光线	观察远距离物体	硅胶等	6～13 岁	观测远距
	万花筒	三棱镜	平面镜成像，光的反射	观察对称图案	PC 等	3～12 岁	有趣，可旋转
	伸缩潜望镜	物镜、转像系统和目镜	光的反射	用于隐蔽并观察外界	纸、玻璃镜片等	7～12 岁	结构简单，易操作
	放大镜	凸透镜，镜柄	聚焦放大	放大细小物体	硅胶、ABS 材质等	3～9 岁	操作原理简单
	显微镜	目镜，物镜，镜筒，反光镜	通过目镜观察倒立、放大的虚像	观察微小物体	ABS 材料等	5～12 岁	新奇，有挑战性
	单筒望远镜	凸透镜，凹透镜，镜筒	通过透镜的折射聚焦成像	观察远距离物体	ABS 塑料等	3～12 岁	可伸缩调距

小组对探测类的玩具进行了功能形态方面的分析，以得出最适合解决孩子使用传统猫眼的

问题及培养孩子探索世界兴趣的产品特质。

通过同类玩具分析得出:探测类型的儿童玩具色彩艳丽,配色多元化;都利用了光学原理,如光的折射与反射;均属于益智、观察类型的玩具,且操作简单,易于上手;多为 ABS 塑料等安全无毒的材料构成。潜望镜的原理及结构比较符合儿童使用猫眼时的辅助需要:单孔对应猫眼,然后利用45°镜片的反射帮助儿童观察门外情况;单筒望远镜的可伸缩结构可以用来解决孩子成长中身高的改变问题,并且不会影响到反射形成的画面;融入光的反射这一物理原理,设计出造型及理念符合的儿童玩具。

③传统猫眼的结构和原理调研。

传统猫眼(门镜)是凹透镜和凸透镜的组合,它的光学原理是:猫眼内的目镜是凸透镜,物镜是凹透镜。而物镜的焦距极短,它对室外的人或物成一缩得很小的正立虚像,此像正好落在目镜的焦距之内;目镜起着放大镜的作用,得到一个较为放大的正立虚像,成像恰好又在人眼的明视距离内,由此,对于门外的情况,我们就看得清楚了。(见图 3-5-17)

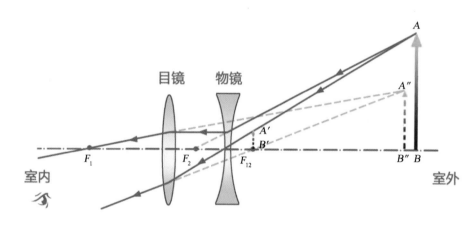

图 3-5-17 猫眼原理

传统猫眼的高度是根据人眼的高度而定的,一般成年男性眼睛的高度在 165 厘米左右,女性的眼睛的高度在 155 厘米左右,故常综合设定猫眼的高度在150~160 厘米之间,但对于小孩子来说,他们往往达不到猫眼的平均高度。

(3)个人发想＋小组讨论

在收集与整理设计资讯的基础上完成个人发想,提出设计创意,然后进行小组讨论,表达各自的创意想法。

小组基于以上的设计调研,把猫眼作为儿童玩具的载体,改良现有猫眼的缺点,结合儿童的心理、生理特点设计出一款儿童玩具:在功能上定位为为儿童设计的辅助看猫眼玩具,解决儿童使用传统猫眼时因身高不够带来不便与危险的问题,培养儿童正确的生活习惯,在寓教于乐的同时,培养孩子的好奇心,平时可作为儿童"潜望镜"玩具使用;在人群定位上,使用人群为身高未达到标准猫眼高度的儿童,即未达到 1.5 米、年龄为 2~12 岁的儿童,他们的心智和身体正处于逐渐完善及发育阶段,需要养成安全意识,产品的购买人群为家里有小孩的家长;在使用环境上定位为家庭使用,可以把玩具底部吸盘吸附于门上,在室内使用,观察窗外动态,防止孩子由于好奇心而去攀爬窗台产生危险,还可以在游泳或洗澡时从水上查看水下等地方,满足孩子探索自然的好奇心。

以潜望镜的外观及光线反射原理(平面镜反光原理,见图 3-5-18)做辅助,结合单筒望远镜的可伸缩形式设计成儿童适用的辅助看猫眼的工具,在儿童的成长中用玩具提升安全性及探索性。

图 3-5-18　潜望镜原理

设计定位确定后,小组在讨论中出现了可能将设计导向不同方向的分歧。

设计创意 1:推敲了玩具的造型,以小黄人的卡通形态作为元素,定义了产品作为辅助孩子看猫眼的工具时的必要结构,即"Z"形管道结构,且保证两片 45°镜片相互平行。该设计作为猫眼辅助器使用时,用吸盘吸附于门上,并对准门上猫眼孔,查看门外情况时通过下面的小黄人造型孔进行观看;在小朋友长高的过程中可调节伸缩管进行高度调整。(见图 3-5-19)

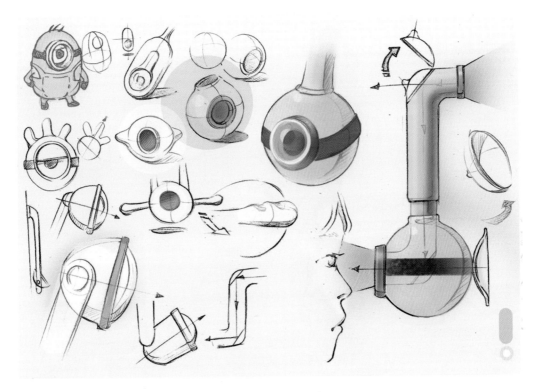

图 3-5-19　设计创意 1

设计创意 2:对玩具的使用方式进行了推敲,增加了两个把控方向的把手,整体造型上仿照了海底生物海马的形态。作为一款探测类玩具时,可通过旋转镜筒观测窗外、水下、天空等。(见图 3-5-20)

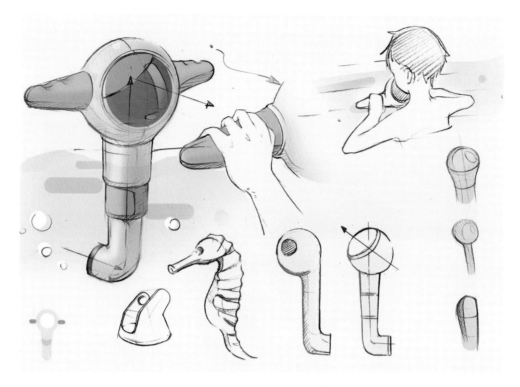

图 3-5-20　设计创意 2

　　设计创意 3：以恐龙和章鱼的造型做仿生推演设计，为供玩具摆放的底座做了造型设计，使玩具摆放时更方便。主体部分为黄蓝配色，底座以原木色为主。底座部分可以进行拆卸。（见图 3-5-21）

图 3-5-21　设计创意 3

老师点评：

设计创意 1 需要考虑：玩具底部为圆形，如何摆放。

设计创意 2 中玩具的背部贴着门，需要考虑解决玩具左右移动时的不便捷性。

设计创意 3 底座的拆装结构设计较为巧妙，适合两种不同状态，但玩具主体造型缺乏趣味性，可以考虑和设计创意 1 进行融合。

小组设计论证：

6 位成员中的 4 位倾向于将设计创意 1 和设计创意 3 融合。

(4)设计展开

设计展开详见图 3-5-22 至图 3-5-27。

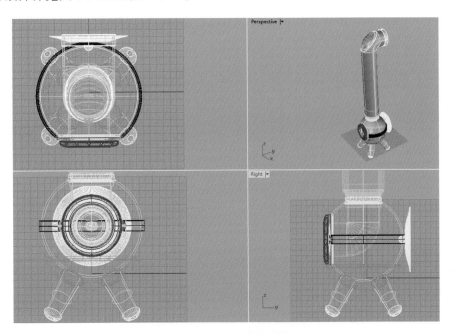

图 3-5-22　三维表达展示

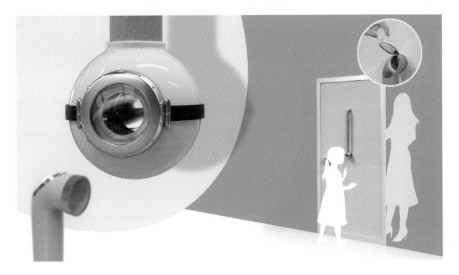

图 3-5-23　三维效果图表达 1

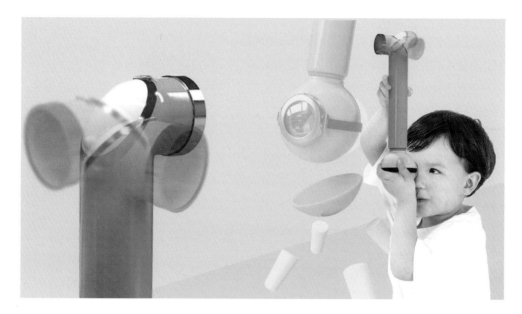

图 3-5-24　三维效果图表达 2

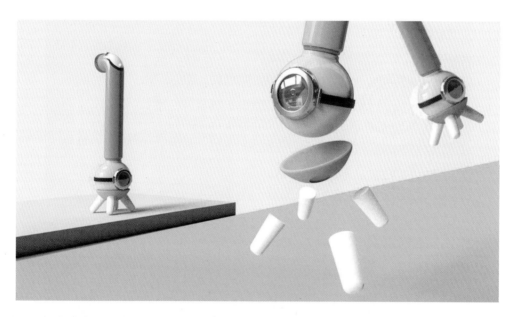

图 3-5-25　三维效果图表达 3

（5）设计完成（设计排版、设计报告）

所获奖项：2018 年大学生工业设计大赛优秀奖。

团队成员：薛梦婷（武昌理工学院）。

指导老师：余春林、李娟、梁雅迪、徐卓。

设计说明：

"探世界"玩具以恐龙和章鱼的造型做仿生推演设计，为供玩具摆放的底座做了造型设计。这款儿童玩具解决了儿童使用传统猫眼时因身高不够而造成的不便，并且可培养儿童先判断危险与否再开门的好习惯，增强防范意识。在儿童年龄很小的时候可以提高儿童自己走路的兴趣，以一种角色派遣的方式，让儿童去开门，并在这一过程中训练其走路、逻辑思维以及说话的

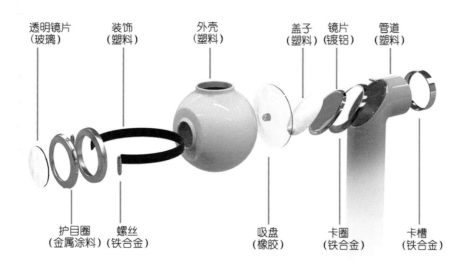

透明镜片 （玻璃）　　装饰 （塑料）　　外壳 （塑料）　　盖子 （塑料）　镜片 （镀铝）　管道 （塑料）

护目圈 （金属涂料）　螺丝 （铁合金）　　吸盘 （橡胶）　　卡圈 （铁合金）　卡槽 （铁合金）

图 3-5-26　内部结构图

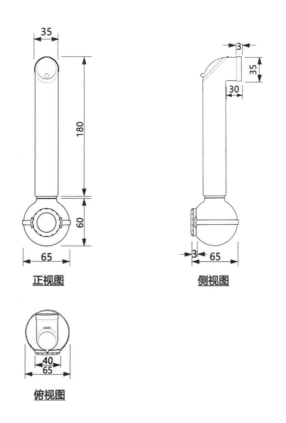

正视图　　　　　　　侧视图

俯视图

图 3-5-27　三视图及尺寸（单位：mm）

能力，在寓教于乐的同时，培养儿童的好奇心，激发鼓励儿童探索世界，满足儿童的求知欲。

　　儿童天生就有主动亲近自然、感受自然的特性，居住在高楼耸立城市中的儿童，能够接触到自然的机会较少，"探世界"儿童玩具可以帮助儿童透过镜片看世界，也在一定程度上减少了孩子因为好奇心攀爬窗台、阳台而造成危险的情况。（见图 3-5-28、图 3-5-29）

婴童用品设计

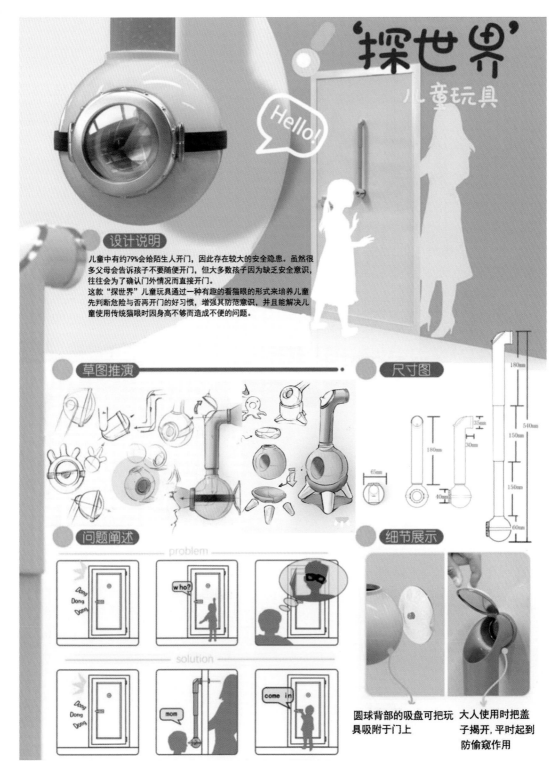

'探世界'
儿童玩具

设计说明

儿童中有约79%会给陌生人开门，因此存在较大的安全隐患。虽然很多父母会告诉孩子不要随便开门，但大多数孩子因为缺乏安全意识，往往会为了确认门外情况而直接开门。

这款"探世界"儿童玩具通过一种有趣的看猫眼的形式来培养儿童先判断危险与否再开门的好习惯，增强其防范意识，并且能解决儿童使用传统猫眼时因身高不够而造成不便的问题。

草图推演

尺寸图

问题阐述

problem

solution

细节展示

圆球背部的吸盘可把玩具吸附于门上

大人使用时把盖子揭开，平时起到防偷窥作用

图 3-5-28 设计效果展示

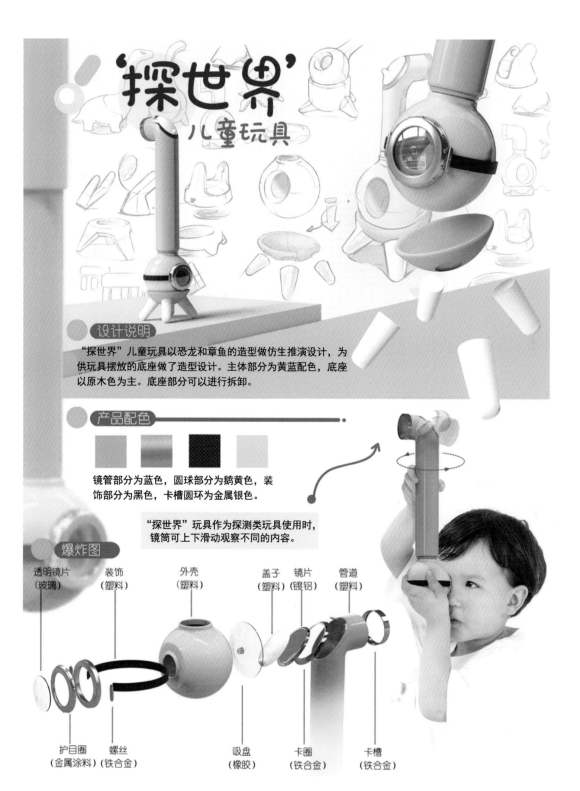

'探世界'

儿童玩具

设计说明

"探世界"儿童玩具以恐龙和章鱼的造型做仿生推演设计，为供玩具摆放的底座做了造型设计。主体部分为黄蓝配色，底座以原木色为主。底座部分可以进行拆卸。

产品配色

镜管部分为蓝色，圆球部分为鹅黄色，装饰部分为黑色，卡槽圆环为金属银色。

"探世界"玩具作为探测类玩具使用时，镜筒可上下滑动观察不同的内容。

爆炸图

透明镜片（玻璃）　装饰（塑料）　外壳（塑料）　盖子（塑料）　镜片（镀铝）　管道（塑料）

护目圈（金属涂料）　螺丝（铁合金）　吸盘（橡胶）　卡圈（铁合金）　卡槽（铁合金）

图 3-5-29　设计细节展示

第 **4** 章

优秀设计作品案例

鉴赏与分析

第一节 婴童防护类

1. 主题分类分析

统计数据显示,意外伤害占我国儿童死亡原因总数的 26.1%,而且这个数字还在以每年 7%～10% 的速度增长,意外伤害已成为 0～14 岁儿童健康的"第一杀手"。儿童意外事故 52% 发生在家庭,19% 发生在街道,12% 发生在学校。专家认为,意外伤害的特点是意外性和突然性,绝大多数儿童意外伤害事故是可以预防的。

婴童受到意外伤害的场景涉及婴儿推车安全、步行安全、地铁安全、旅行乘坐安全等,在这些生活场景中,都可能会出现儿童意外事故。对于能避免的意外,设计师就需要"对症下药",减少产品在与婴童接触时可能会触发的意外。

另外也有无法确定、无法避免的突然性的事故,例如婴童即使被监护人保护得很周到,但还是无法百分之百地避免交通事故,这时则要对婴童防护器具的保护范围设计周到。

2. 设计案例解析

(1)儿童蓝牙可穿戴防丢器

儿童防丢器,是基于家长无法实时看护、紧随儿童而出现的一款产品,旨在防患于未然,保护儿童的安全。家长可以通过 GPS 精准定位,随时随地查看儿童的位置,防止儿童走丢或是被拐卖。对于儿童而言,产品本身并没有实际价值,但可以通过设计,使其变成很讨儿童喜欢的装饰物。图 4-1-1 所示的这款可穿戴防丢器可以通过多种佩戴方式适应不同场景;作为通用模块,可配表带或挂绳使用,具有装饰作用;外观十分可爱,提取了小象的外在特征,为产品增加了趣味性,让儿童更愿意佩戴;材质方面,采用了医用级别的硅胶材质,不但有很好的触感,还可以带来更加柔和的视觉体验。

图 4-1-1 儿童蓝牙可穿戴防丢器(上善设计)

(2)Protector In Hoodie——内置保护器的连帽衫

图 4-1-2 和图 4-1-3 所示的是一款全新方便的儿童连帽衫设计,内置安全气囊,可以保护儿童头部,是时尚和实用的完美结合。父母不再需要为孩子拿出一个笨重的头枕和一件单独的夹克,只需要让连帽衫充满空气,内衬就会成形,并成为一个支撑幼儿后脑勺的垫子。这对孩子来

说也是一种有趣的体验,从而增加了连帽衫的价值。

该设计的帽子内衬由复合 PVC 材料制成,其具有充气特性,充气端口隐藏在帽子的边缘。由于所需空气不多,不需设备、用嘴即可轻松充气。不知不觉中,一个"帽子精灵"迅速从"引擎盖"下出现,保护儿童。可爱的"保护者"总是"袖手旁观",躲在"引擎盖"里。

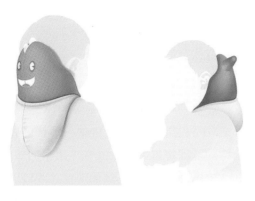

图 4-1-2　内置保护器的连帽衫(设计者:Jiang Xiao)

图 4-1-3　内置保护器的连帽衫充气(设计者:Jiang Xiao)

第二节　婴童教育类

1.主题分类分析

婴童教育类产品有拼图玩具类、游戏玩具类、数字算盘文字类、工具类、益智组合类、积木类等。

拼图玩具类:提高儿童的认知能力、分析能力、想象力,使儿童体会成就感。

游戏玩具类:在提高儿童认知能力的基础上,培养儿童的动手、动脑能力,开发他们的思维,锻炼操作技巧,提高手眼协调的能力。

数字算盘文字类:在训练儿童镶嵌能力的同时,使其进行大动作的练习,训练幼儿的精细动

作,启发孩子对形状、数、量进行准确理解,进而锻炼肌肉的灵活性。

工具类:主要让儿童认识、掌握各种工具的形状、颜色和构造,在这一过程中训练儿童的实际动手操作能力和手眼协调能力,开发想象力。

益智组合类:培养儿童的空间想象能力及精细动手操作能力,从而加深其对时间、动物、交通工具和房屋形状、颜色等方面的理性理解。

积木类:激发儿童的动手兴趣,培养幼儿合理组合搭配的意识和空间想象能力;巧妙地拖拉设计,锻炼儿童的行走能力,使儿童体会创作的成就感。

2.设计案例解析

（1）Dino Daily 点读笔

8Dino Daily 点读笔(见图 4-2-1 和图 4-2-2)是一种学习工具,旨在支持儿童的独立学习,培养儿童自主学习的好习惯。简约的设计使孩子们可以专注于学习本身。该点读笔致力为 3～8 岁语言启蒙期的孩子们提供贴身陪伴,这些理念具体体现在外观设计中:在配色上,采用灰白极简风格,营造轻盈的第一印象,在儿童使用过程中不分散其视线,为笔体与扫读内容的一体感提供自洽支撑;在造型上,智能点读笔摒弃了常见的有色彩跳跃的异形造型,从人体工学理论出发,采集数千儿童的握笔数据,业内首创了"握笔曲面＋集中按键操控",让孩子们像对待触控玩具一般可以轻松抓握和随心掌控。

该点读笔的人机交互模拟了孩子们使用自动铅笔的体验,使孩子们感到轻松和熟悉。这也意味着用户可以更有效地在一个区域中找到所有功能(无须搜索功能键)。另外,该点读笔将表面设计简化为笔的握持位置,以支持良好的握持姿势。

图 4-2-1　Dino Daily 点读笔(设计者:Future VIPKID Limited)1

（2）Heycode 益智组合类教育设备(编程学习机)

Heycode 编程学习机(见图 4-2-3 至图 4-2-5)是一种教育性硬件产品,旨在帮助孩子们学习编码。凭借其获得专利的物理编程技术,Heycode 编程学习机通过基于游戏的任务教授编程知识。这款编程学习机的每个任务卡都有指引,儿童通过选择对应的编程模块一步步完成任务,既有趣又能让儿童在完成的过程中有成就感。又因在使用 Heycode 编程学习机的过程中如果注意力不集中任务就无法继续进行,儿童就知道要认真对待学习,儿童的专注力也就会在不知不觉中得到提升。

婴童用品设计

图 4-2-2　Dino Daily 点读笔（设计者：Future VIPKID Limited）2

　　它具有三个主要优点：①它不需要电子屏幕，从而避免了对儿童视力的伤害；②它使编码就像玩积木一样简单；③其算法模型可以准确地分析儿童的编码行为并提供指导。Heycode 编程学习机的设计考虑了孩子的技术意识和兴趣，并完美地诠释了"通过游戏学习"的概念。

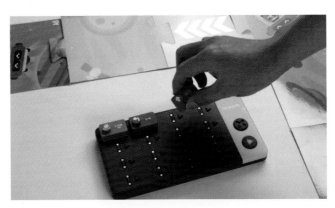

图 4-2-3　Heycode 编程学习机（设计者：Shenzhen XIVO Design Co.，Ltd.）1

图 4-2-4　Heycode 编程学习机（设计者：Shenzhen XIVO Design Co.，Ltd.）2

图 4-2-5　Heycode 编程学习机(设计者:Shenzhen XIVO Design Co.，Ltd.)3

第三节　婴童医疗类

1. 主题分类分析

婴童医疗类产品大致包括检测体温产品、婴童用注射器或者辅助输液产品等,但由于受众人群是婴童,所以,其相对于其他检测体温等产品设计不同,要消除婴童对于医疗设备的恐惧感,让婴童在游戏互动中就能完成治疗,同时还要符合人体工学,要有适合儿童的握持手感。同时,因要符合婴童的心理认知,所以要对不同年龄段的婴童进行细致的分类。

2. 设计案例解析

(1)棒棒糖温度计

棒棒糖温度计(见图 4-3-1 和图 4-3-2)是一个很好的设计,当孩子们不舒服的时候,给他们糖果形状的温度计并不会使他们很抗拒。有些孩子一旦发烧,可能每隔一小时左右就要量一次体温,这个设计不会使他们反感,从而使家人的照料变得方便。

这款棒棒糖温度计一头设计成棒棒糖,对孩子来说,他们愿意将它含在嘴里。其余部分设计成红蓝渐变色,红色表示体温较高,需要去医院;当体温正常时,刻度位于蓝色区间。

(2)POP Inhaler(POP 吸入器)

哮喘是一种慢性疾病,许多患者一生都需要使用吸入器。不同年龄的使用者适合不同的吸入器。然而,吸入器的标准设计并未考虑使用者的年龄。POP 吸入器是模块化的,可以根据年龄和症状有选择地使用。一般,患者只需一个套件就可以终身使用。儿童患者对冰激凌和气球的愉快记忆被用作本产品设计形成主题,该设计有助于使孩子们在学习如何使用医疗设备时更加轻松愉快。(见图 4-3-3)

图 4-3-1　棒棒糖温度计(设计者:Dano Su 和 Young Lee Kim)1

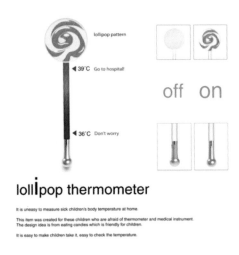

图 4-3-2　棒棒糖温度计(设计者:Dano Su 和 Young Lee Kim)2

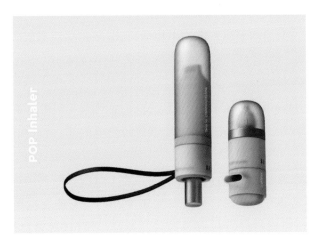

图 4-3-3　POP Inhaler(设计者:Yoo Jung Park)

133

第 4 章　优秀设计作品案例鉴赏与分析

第四节　婴童关怀类

1.主题分类分析

婴童很容易营养不良或营养过剩,这就需要设计师对婴童生活中可能会发生的健康问题来进行相应的方案设计,既要考虑到后天的疾病,也要考虑先天性的身体缺陷。

后天性的身体健康问题,主要指儿童继发性免疫缺陷病,病因包括:

①感染。感染主要针对的是呼吸道,呼吸道是婴童的身体中较弱的一环,婴童的呼吸道很容易被感染。

②恶性肿瘤。恶性肿瘤也是引发儿童继发性免疫缺陷病的因素之一。

③放射治疗和化疗。要避免让婴童接触具有辐射性的物质,避免接触放射源。

过敏性疾病的发病原因也相当复杂,但总体来说,这种疾病是由于接触过敏原引起的,这些过敏原包括药物、金属、植物、食物等,平时要注意看护好婴童,避免婴童接触这些东西。

先天性的疾病的种类就比较多,总体分为先天性心脏病、溶血性贫血、先天遗传代谢性疾病、染色体疾病等,在这其中,先天性心脏病(先心病)是一个巨大的、迅速崛起的全球儿童健康问题。如果没有能力大幅降低先天性心脏病的患病率,就必须使用干预措施和资源来提高存活率和生活质量。先心病的发病率约占活产婴儿的 7‰～8‰,占各类先天性疾病的 30%。我国每年新增先天性心脏病患者达 20 万人左右,高海拔地区一般比平原地区发病率高,农村地区一般比城市发病率高。

2.设计案例解析

(1)Lampen

在西非的部分国家依然存在着电力严重缺乏的问题,与发达国家更是相差甚远——居住在西非几内亚的人们一年所消耗的电量与美国人使用三天的电量相同。由于这种严重的电力短缺,几内亚 90% 的人在日落后将无法正常工作和学习,很多无法获得照明但想要学习的贫困儿童就需要走很远的路,去一些有灯光的公共场所去学习,例如机场,但在机场学习有很多的危险性。

为此,韩国设计师 Hyunsu Park 设计了 Lampen,如图 4-4-1 和图 4-4-2 所示,旨在保护这些儿童,使其能安全地学习。Lampen 是一支能够自行发电的笔,通过施加电磁感应,可以充电并发光。

Lampen 不仅可以正常写字,还内置了用于照明的 LED 灯,只需要摇动就可以发光。摇动笔 1 分钟,就可以获得足够的电量使它持续发光 1 个小时。它的发电原理就是物理学中的电磁感应现象:把导体置于变化的磁场中,使两端产生电压,将导体闭合成一个回路,就可以形成电流。笔内的电池充电完成,就可以提供一定时间内的持续的照明。Lampen 能当作台灯和手电筒使用,因为除了笔身,它还包括一个可以聚拢光源的笔帽,这个笔帽同时也是可以让它变身

图 4-4-1　Lampen(设计者：Hyunsu Park)1

图 4-4-2　Lampen(设计者：Hyunsu Park)2

台灯的支架。

(2)"盲绘艺术"画板

　　绘画是儿童表达自己内心世界的重要方式之一，然而有视觉障碍的儿童通常会失去绘画的权利，这是不平等的。"盲绘艺术"画板(见图 4-4-3、图 4-4-4)是一款专门为盲童设计的绘画板，运用盲文点位的书写原理，让盲童可用打孔笔在纸上进行打孔，通过打孔形成各种图案，然后用彩笔在纸面上色，五彩缤纷的颜色会通过纸面上的孔透印到底层纸张上，形成绘画作品。"盲绘艺术"画板使有视觉障碍的儿童更容易享受绘画艺术、体验平等。

图 4-4-3　"盲绘艺术"画板(设计者:张瑞雪(武昌理工学院))1

图 4-4-4　"盲绘艺术"画板(设计者:张瑞雪(武昌理工学院))2

参 考 文 献

[1] 席晓婧. 幼儿行为引导型家具设计[J]. 鞋类工艺与设计,2021(19):49-50.

[2] 林楠,陈烈胜,张景文. 行为引导在儿童产品设计中的应用研究[J]. 设计,2021,34(16):17-19.

[3] 于亚楠. 趣味化餐具的研究及应用[D]. 南京:南京林业大学,2012.

[4] 徐榕,祁忆青. 模块化理念在幼儿园儿童家具设计中的应用[J]. 家具,2022,43(01):49-53.

[5] 贺渊清,唐彩云. 基于儿童行为方式的智趣化家具设计[J]. 工业设计,2021(11):100-102.

[6] 刘剑伟,李子坤. 基于模块化理念的儿童家具设计[J]. 时尚设计与工程,2020(05):38-42.

[7] 李欣,闫小星,彭文文. 基于儿童家具模块化设计研究及评价[J]. 艺术科技,2019,32(09):34.

[8] 黄天宇. 儿童家具模块化设计方法分析[J]. 工业设计,2018(04):41-42.

[9] 王露,钟旭东. 可成长性儿童收纳家具设计研究[J]. 家具与室内装饰,2020(05):76-77.

[10] 胡雪芮,钱皓,马东明. 基于模块化理念的学龄前儿童产品设计[J]. 工业设计,2020(07):65-66.

[11] 佚名. 儿童产品的延续性设计[J]. 工业设计,2018(05):152.

[12] 袁海骄. 产品语义学在儿童产品外观设计的应用分析[J]. 明日风尚,2020(20):56-57.

[13] 吴剑斌,陈香,张凌浩. 儿童产品造型语义模糊评价[J]. 机械设计,2018,35(02):124-128.

[14] 田维飞. 基于符号学的儿童餐具造型设计研究[D]. 太原:太原理工大学,2011.

[15] 吴冬玲. 从符号学角度解读儿童产品的设计语言[J]. 苏州工艺美术职业技术学院学报,2021(03):23-25.

[16] 谢亨渊,肖著强. 儿童玩具中产品语意学的解析[J]. 包装工程,2008(11):149-151.

[17] 黄彦可. 基于产品语意学的儿童手推车设计研究[D]. 武汉:湖北工业大学,2010.

[18] 宋娟,杨亚萍,张帆. 基于收纳意识的儿童玩具设计[J]. 设计,2019,32(13):118-120.

[19] 叶风,宋佳,梁嘉琪. 以儿童收纳产品为例的平台化设计方法研究[J]. 包装工程,2020,41(22):121-129.

[20] 王罗思佳,董华. 基于提升用户体验的儿童防雾霾口罩设计探索[J]. 人类工效学,2016,22(05):45-49.

[21] 张明芳. 基于用户体验的儿童成长记录产品设计研究[D]. 沈阳:沈阳航空航天大学,2019.

[22] 李翠玉,邹捷. 移情设计在婴童产品设计中的应用[J]. 设计,2018(19):113-114.

[23] 罗碧娟. 儿童产品的人性化设计[J]. 包装工程,2006(01):213-214+217.

[24] 陈岩. 儿童产品设计中易用性的体现[J]. 黄山学院学报,2014,16(02):90-92.

[25] 张钊. 多功能婴童推车设计[D]. 昆明:昆明理工大学,2017.

[26] 钱峰,江牧. 儿童产品设计中的人性化探析[J]. 现代装饰(理论),2014(03):101-103.

婴童用品设计

[27] 石宜慧.儿童对人性化产品的影响力[J].艺术与设计(理论版),2009(4X):161-163.

[28] 刘明皓.趣味性设计——论现代工业产品美学中的趣味性与儿童化语言[C]//2004年工业设计国际会议论文集,2004:376-379.

[29] 时娟.基于动漫元素的儿童产品包装设计研究[J].西部皮革,2021,43(16):52-53.

[30] 佚名.2018年度中国玩具和婴童用品行业白皮书[J].玩具世界,2018(04):5-7.

[31] 佚名.Mimo推出智能婴儿连体衣[J].中国制衣,2015(08):57.

[32] 汪厅.便携式多功能儿童出行产品设计与研究[D].武汉:湖北工业大学,2017.

[33] 吴杰的.动画衍生产品中儿童服饰的开发设计研究[J].艺术与设计(理论版),2020,2(01):93-95.

[34] 李颖,张初阳.儿童智能服饰的市场可行性[J].大众文艺,2021(18):210-211.

[35] 张炜,韩笑,张晓梅,等.仿生设计在儿童家具设计中的应用研究[J].家具与室内装饰,2021(03):91-93.

[36] 丁晨,宋艳辉.仿生元素在儿童服饰设计中的应用探析[J].湖南包装,2018,33(06):87-89.

[37] 延海霞.基于儿童特征的产品色彩研究[J].大众文艺,2010(17):65-66.

[38] 沈艳.基于行为方式的儿童产品设计研究[D].无锡:江南大学,2010.

[39] 殷芳草.情趣化在儿童产品设计中的研究[J].西部皮革,2019,41(12):48.

[40] 喻紫微.色彩在儿童产品中的应用现状探析[J].现代商贸工业,2013,25(07):83.

[41] 罗碧娟.探析儿童产品的色彩设计[J].包装工程,2008(01):177-178+186.

[42] 阎欣怡.探析儿童产品设计中的色彩情感要素[J].大众文艺,2016(13):123.

[43] 吕艳红,任文营,张鑫韬.我国婴童产品设计研究[J].包装工程,2007(04):118-119+121.

[44] 胡蓉.学龄期儿童智能产品设计方法研究与应用[D].湘潭:湘潭大学,2019.

[45] 岳阳.婴童产品设计方法研究——以婴童摇铃产品设计为例[J].美与时代(上),2019(03):101-103.